初心者から

ちゃんとしたプロになる

JavaScript

基礎入門

NEW STANDARD FOR JAVASCRIPT

西畑一馬
須郷晋也
岡島美咲
扇 克至
岩本大樹 共著

books.MdN.co.jp

エムディエヌコーポレーション

はじめに

　JavaScriptがWeb制作の中で再注目されてから十数年がたち、現在ではWeb制作を行う上での必須スキルの立ち位置を確立しました。HTML/CSSを習得された方が次のステップとしてJavaScriptを学ぶことが多いのですが、これまではjQueryというライブラリを学習されることがよくありました。ただし、これまで多くの現場で使われていたjQueryは少しずつ利用されなくなり、代わりにReactやVue.jsといったJavaScriptフレームワークを利用したWeb制作が少しずつ主流に変わりつつあります。

　jQueryと比較すると、JavaScriptフレームワークは難易度も高く、使いこなせない人も多いでしょう。そういった方々に向けて執筆されたのが本書です。

　これからJavaScriptを学ばれる方やこれまでjQueryなどを使ってWeb制作をされていた方にとって、フレームワークなどのモダンJavaScriptを習得するための最初の一歩として活用できるよう、内容を絞り込み本当に必要なことだけを学べるように構成しました。

　JavaScriptという言語は広く、そして奥深いので、本書で学べることはJavaScriptのほんの一部分ではあります。ですが、しっかりとした基礎力をつけることに重点をおいており、最終的にはVue.jsを利用して簡単なUIが作成できるようになります。

　本書が、一人でも多くの方にとってJavaScriptという言語の楽しさを学ぶきっかけの一助となれば幸いです。

2020年3月

著者一同

Contents 目次

本書の使い方

本書は、JavaScriptの初学者の方に向けて、JavaScriptとVue.jsによるWebサイトやWebアプリケーション制作の基礎を解説したものです。これらを習得することで、制作現場で役立つJavaScriptのプログラミング力を養うことができます。本書は次のような構成になっています。

① 記事テーマ

記事番号とテーマタイトルを示しています。

② 解説文

記事テーマの解説。文中の重要部分は黄色のマーカーで示しています。

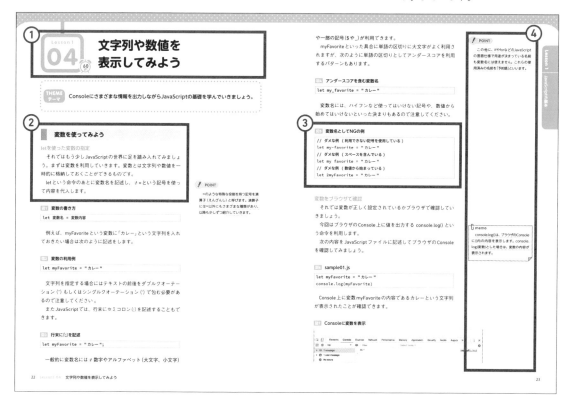

③ 図版

画像やソースコードなどの、解説文と対応した図版を掲載しています。

④ 側注

POINT 解説文の黄色マーカーに対応し、重要部分を詳しく掘り下げています。

memo 実制作で知っておくと役立つ内容を補足的に載せています。

WORD 用語説明。解説文の色つき文字と対応しています。

サンプルのダウンロードデータについて

本書の解説で使用しているJavaScriptやHTMLなどのファイルは下記のURLからダウンロードしていただけます。

https://books.mdn.co.jp/down/3219203012/

JavaScriptの
基本

JavaScriptはHTMLやCSSといったほかのWebページを
作成する言語と連携しながら、ユーザーがWebページを操
作する仕組みを作成するプログラミング言語です。ここで
はまず、JavaScriptの概要と基本文法を学びましょう。

基本 アプリ制作 Vue.js

JavaScriptとは

> **THEME テーマ** まずは、JavaScriptの仕様や用途といった概要を解説します。現在のJavaScriptはブラウザ以外でも幅広く活躍するプログラミング言語です。

JavaScriptの仕様

JavaScriptはブラウザ上でWebサイトに動きや変化を与えるためのプログラミング言語です。

JavaScriptはさまざまな仕様群から成り立つプログラミング言語で、ベースとなっている**ECMAScript**という言語仕様はEcmaインターナショナルと呼ばれる団体が仕様の策定を行っています。

WORD ECMAScript

ECMAScriptのECMAは「エクマ」と呼びます。

図1 Ecmaインターナショナル

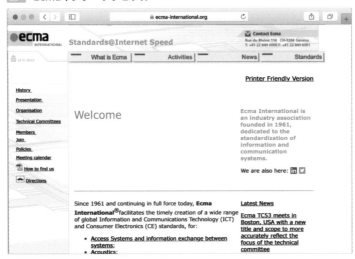

https://www.ecma-international.org/

Ecmaインターナショナル以外にもさまざまな団体がJavaScriptの言語仕様の策定を行っており、W3CやWHATWGと呼ばれる団体も主にHTMLなどに付随するDOM APIなどのJavaScript仕様の策定を行っています。W3CとWHATWGの関係は少し複雑なので

解説は省きますが興味がある人は Wikipedia などで調べてみてください。

図2 W3C

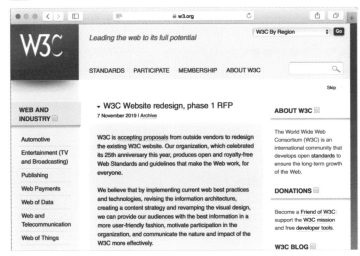

https://www.w3.org/

図3 WHATWG

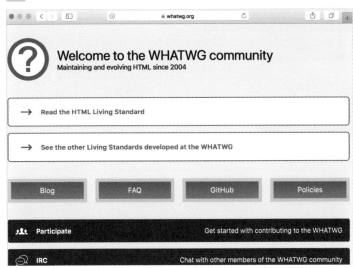

https://whatwg.org/

　JavaScript とは何かを正確に表現するのは難しいですが、狭義の意味では ECMAScript や DOM API をベースにブラウザで動作するようになっているものを JavaScript と呼び、広義の意味では ECMAScript をベースに拡張された言語仕様のことを JavaScript と呼びます。

本書では主にブラウザに搭載されている JavaScript 機能について解説を行っていきます。

JavaScriptでできること

　JavaScript でできることはさまざまです。ブラウザ上で HTML と CSS を操作して Web サイトの見た目を別のものに変更したり、変更のタイミングに時間軸を加えることでアニメーションさせることもできます。通信を行い情報取ってきて表示することもできればカメラやマイク、GPS といった端末の機能にアクセスして Web サイト上でそれらを取り扱うことも可能です。

　最近ではブラウザ以外でも JavaScript は利用されるようになってきています。Node.js と呼ばれるサーバーサイドで動作する JavaScript も登場しており、PHP や Ruby の代わりにサーバーサイドで JavaScript を利用するケースも増えてきています。

図4　Node.js

https://nodejs.org/ja/

　Node.js はデスクトップ上でも利用できます。Node.js を利用した Gulp や webpack というツールが開発されており、ハイエンドな開発環境構築ではこれらの利用は必須となっております。

図5 Gulp

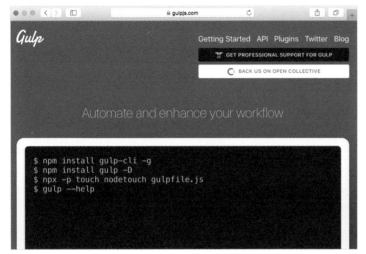

https://gulpjs.com/

図6 webpack

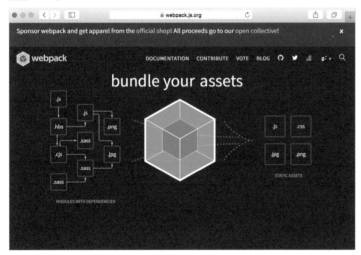

https://webpack.js.org/

　そのほかにも、React Native や Cordova といった JavaScript で
スマートフォンアプリが作成できるツールや、Electron といった
JavaScript でデスクトップアプリが開発できる環境も整ってきて
います。

　JavaScript は、ブラウザに限らずさまざまな環境で動作するツー
ルとして驚くほどの勢いで進化しているので、学ぶことでさまざ
まなことが可能になるでしょう。

JavaScriptの開発に
必要なもの

THEME
テーマ

JavaScript開発で使われるツールとして、ブラウザとエディタを紹介します。本書では、ブラウザはGoogle Chromeを前提としますが、エディタはVisual Studio Code以外でもかまいません。

最低限必要なツール

JavaScript開発はテキストエディタとブラウザがあれば簡単に始められます。 普段使い慣れたテキストエディタやブラウザがあればそちらを利用して本書の勉強を進めてもらって大丈夫ですが、せっかくなのでJavaScript開発でよく利用されるエディタとブラウザを紹介しましょう。

ブラウザ

本書では、JavaScript開発で最もよく使われているGoogle Chromeで確認することを前提にデバッグ方法なども解説しています。

Google Chrome以外にもSafariやFirefox、Microsoft Edgeなどにも開発者ツールがありデバッグはできますので、ご自身のお気に入りのブラウザがありましたら、それらのデバッグ方法も調べてみてください。

ただIE11は開発者ツールが貧弱なため開発時に利用するのはおすすめしません。IE11やiPhoneのSafari、AndroidのChromeなどは、開発が終わったあとの確認用に利用するのがよいでしょう。

エディタ

エディタに関してはJavaScript開発者内でも好みが分かれますが筆者のおすすめのエディタは Visual Studio Code です。

JavaScriptのコードを色分けしてくれるシンタックスハイライトはもちろん、デフォルトでJavaScriptのエラー検知などが付いているのでコードを書いている最中でも文法間違いなどを指摘し

> **! POINT**
>
> 使い慣れたものでよいとはいっても、Windows標準のメモ帳や、文章執筆向けのエディタよりは、プログラミング向けのエディタのほうが開発効率が上がります。

> **! POINT**
>
> Visual Studio Codeは以下のURLからダウンロードできます。
> https://azure.microsoft.com/ja-jp/products/visual-studio-code/

てくれたり、補完機能によって入力するコードを教えてくれたり
します。

図1 **Visual Studio Codeのエラー検知**

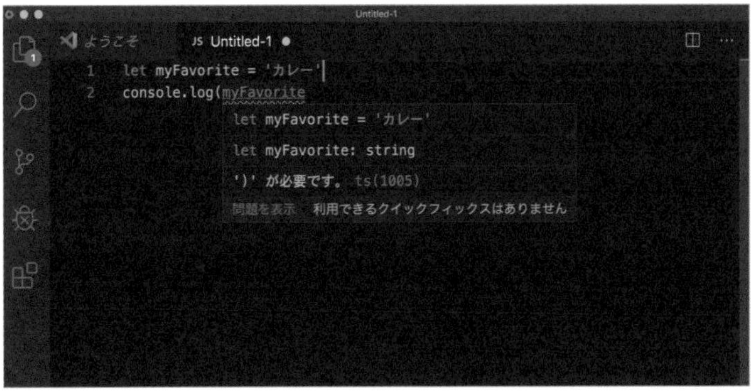

図2 **Visual Studio Codeの補完機能**

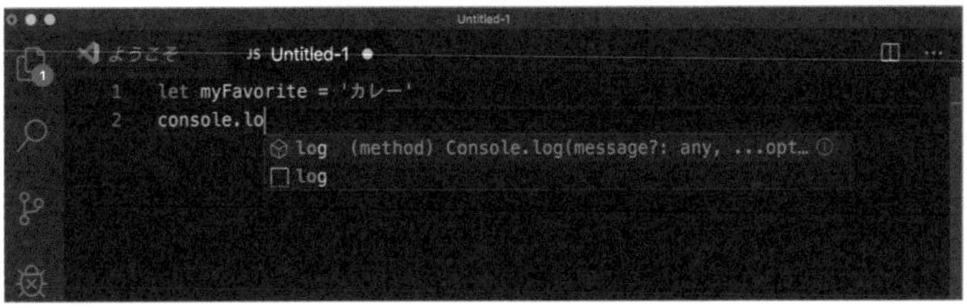

　拡張機能も充実しているので自分好みにカスタマイズすること
も可能です。

　また、WebStorm（https://www.jetbrains.com/ja-jp/
webstorm/）もJavaScript開発者に人気のエディタです。
WebStormは正確にはエディタではなくIDE（統合開発ソフト）と
いう分類に属するソフトウェアですので、Visual Studio Codeに
匹敵する機能がありJavaScript開発のかゆいところに手が届く
ツールです。有料のサブスクリプション型のソフトウェアで執筆
時点では年間14,900円ほどかかりますので、JavaScript開発がバ
リバリできるようになったら試してみるのもよいでしょう。

　そのほかにもAtom（https://atom.io/）やBrackets（http://
brackets.io/）といったエディタを使っている開発者もいます。

　いろいろなエディタを試してみて自分好みのエディタを探すの
もJavaScript開発の醍醐味の1つです。

JavaScriptを書いてみよう

 THEME テーマ 実際にエディタでJavaScriptのコードを書きながら学習していきましょう。コードの入力から実行、デバッグまでの流れを身に付けてください。

JavaScriptを含むファイルを作成する

それでは早速 JavaScript を書いてみましょう。記述方法は次の2通りがあります。

script要素の内側に書く

テキストエディタを次の内容を書き、sample01.html という名前で保存してください。

図1 sample01.html

```html
<!DOCTYPE html>
<html lang="ja">
<head>
  <meta charset="UTF-8">
  <title>title</title>
</head>
<body>
  <script>
    alert(" アラートを表示 ")
  </script>
</body>
</html>
```

保存ができたら、記述したHTMLをブラウザで確認しましょう。ブラウザによって形状は異なりますが、**図2** のようなダイアログが表示されます。

JavaScript は HTML内に記述した script 要素の内側に記述します。今回は alert("アラートを表示") という JavaScriptの命令を指定しています。alertという命令はカッコの内側に指定された内容をブラウザのダイアログで表示するという命令で今回は「アラー

トを表示」という文字列がダイアログ内に表示されていることが
確認できます。

図2 ブラウザでsample01.htmlを確認した状態

script要素のsrc属性に指定をする

　script 要素の内側に書く方法以外に、独立した JavaScript ファ
イルに記述して、script 要素の src 属性で読み込むという方法も
あります。

　テキストエディタを開いて次の内容を書いて、📝 sample02.js
という名前で保存してください。JavaScript を外部ファイルに記
述する際には一般的に拡張子 .js が利用されます。

図3 sample02.js

```
alert(" アラートを表示 ")
```

　次に sample01.html の script 要素の内容を次のように変更して、
sample02.html という名前で保存しましょう。

図4 sample02.html

```
<!DOCTYPE html>
<html lang="ja">
<head>
  <meta charset="UTF-8">
  <title>title</title>
</head>
<body>
  <script src="sample02.js"></script> ……ここを変更
</body>
</html>
```

> **! POINT**
>
> 　ここでは、JavaScriptファイルは
> HTMLファイルと同じフォルダ内に保
> 存してください。違う階層に保存した
> 場合は、script要素のsrc属性に指定す
> るパスも変更する必要があります。

src属性に記述するパスに気を付けてください。img要素に指定するsrc属性と同じで、実際にファイルが存在する場所を指定しないと正常に読み込めません。

作成したsample02.htmlをブラウザで確認すると、sample01.htmlと同じダイアログが表示されるはずです。

一般的にJavaScriptは外部ファイルに記述することが多いのでこの方法は覚えておきましょう。

Consoleを利用したデバッグ

本書を利用して学習をしていくと、たくさんのJavaScriptのコードを書くことになります。その中では、正しく書いたつもりなのに間違えていて、うまく動作しないことが何度もあるはずです。それは恥ずかしいことではありません。プロのプログラマーでも、開発の多くの時間をデバッグと呼ばれるプログラミングの間違いを探す時間に費やすものです。それを考えれば、初学者が間違えるのは当たり前ですし、気にしていたら先に進めません。ただし、バグを早く見つけるコツを早い段階で身につけておけばデバッグの時間を大幅に軽減できます。

もっとも簡単で有効な手法はブラウザのデバッグ機能を利用することです。ここでは多くのJavaScript開発現場で利用される、Google Chromeを利用してバグを見つける方法を解説します。

WORD デバッグ

プログラムのエラーのことを「バグ」といい、それを取り除く作業をデバッグといいます。

ファイルの読み込み間違い

先ほどのsample02.htmlの内容をわざとバグが含んだものに変更してみましょう。

script要素のsrc属性を次のように変更します。

図5 sample02.html（一部変更）

```
<script src="sample2.js"></script>
```

どこが変わったのかわかりにくいですが、sample02.jsというファイル名がsample2.jsに変わっています。開発時についやりそうな間違いですね。こちらをGoogle Chromeで確認すると当然ダイアログは表示されません。

それでは、エラー原因をGoogle Chromeのデバッグ機能で見つけてみましょう。

　Google Chromeのデバッグ機能は、画面右上のメニューから「その他ツール」を選択して「デベロッパーツール」を選択することで開くことができます。

図6　Google Chromeのデベロッパーツールを開く

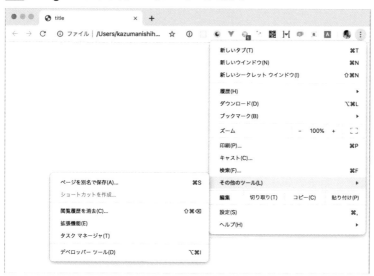

　デベロッパーツールではタブで機能を選ぶことができます。今回は「Console」タブを選択します。

図7　デベロッパーツールのConsoleでデバッグ

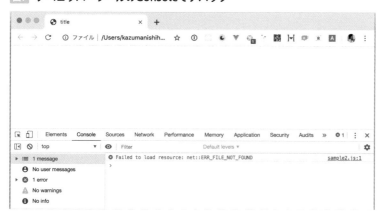

　赤字で次のように表示されているのが確認できます。

```
Failed to load resource: net::ERR_FILE_NOT_FOUND
```

　簡単な英文ですので、慣れてくれば単語を読むだけで何となくのエラーの原因がわかるようになります。Failed（失敗した）load（読み込み）resource（供給源）ですから、何かの読み込みに失敗

しているようです。

　エラー表記の右側に sample2.js と書かれているので、今回は sample2.js の読み込みができなかったとブラウザは伝えたいわけです。これでバグの原因を絞り込むことができました。読み込みに失敗する理由の大半は、ファイル名の間違いかファイルパスの間違いです。

　原因を絞り込んでから確認することで、デバッグの時間を大幅に減らすことができます。

プログラミングの間違い

　もう1つデバッグの実例を紹介します。script 要素の src 属性を元に戻して、sample02.js の内容を次のように変更してください。

図8 sample02.js（一部変更）

```
alrt(" アラートを表示 ")
```

　alert を alrt と書き間違えてスペルミスをした状態です。こちらのコードで Console の内容を確認してみましょう。Console には次のようなエラーが表示されます

図9 Consoleでエラーを表示

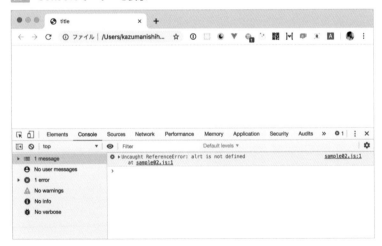

```
Uncaught ReferenceError: alrt is not defined
```

　今回のエラー内容は「alrt が not defined（定義されていない）」というもので、alrt という命令がおかしいという意味だとわかります。これでバグの原因を絞り込むことができ、エラーを直すことができます。

　JavaScriptに慣れるまでは、プログラムコードの間違いはたくさん起きると思います(慣れていてもよく間違えます)。

　最初の段階からConsoleで間違いを探す癖をつけておくと、JavaScript学習の速度が何倍にも速まることは間違いなしです。

JavaScriptのコメントアウト

　JavaScriptでは文中にプログラムとは関係ない補足や説明を記述する機能として、コメントアウトが用意されています。

　/(スラッシュ)を2つ記述すると、そこから改行位置までの間に自由にコメントを記載することができます。

図10　1行コメントアウト

```
// アラートを表示する
alert(" アラートを表示 ")
```

　/* から */ までの間にもコメントを書くことができます。1行コメントアウトと違い、コメント内に改行を記述することができます。

図11　複数行コメントアウト

```
/*
処理 1
アラートを表示する
*/
alert(" アラートを表示 ")
```

　初心者のうちから極力コメントを記載して、プログラミングのコードがわかりやすくなるように習慣化しておきましょう。

Lesson 1

04 60 min

文字列や数値を表示してみよう

THEME テーマ Consoleにさまざまな情報を出力しながらJavaScriptの基礎を学んでいきましょう。

変数を使ってみよう

let を使った変数の指定

それではもう少し JavaScript の世界に足を踏み入れてみましょう。まずは変数を利用していきます。変数とは文字列や数値を一時的に格納しておくことができるものです。

let という命令のあとに変数名を記述し、 ✏ = という記号を使って内容を代入します。

POINT

=のような特殊な役割を持つ記号を演算子（えんざんし）と呼びます。演算子には=以外にもさまざまな種類があり、以降も少しずつ紹介していきます。

図1 変数の書き方

```
let 変数名 = 変数内容
```

例えば、myFavorite という変数に「カレー」という文字列を入れておきたい場合は次のように記述をします。

図2 変数の利用例

```
let myFavorite = "カレー"
```

文字列を指定する場合にはテキストの前後をダブルクオーテーション (") もしくはシングルクオーテーション (') で包む必要があるので注意してください。

また JavaScript では、行末にセミコロン (;) を記述することもできます。

図3 行末に「;」を記述

```
let myFavorite = "カレー";
```

一般的に変数名には ✏ 数字やアルファベット（大文字、小文字）

や一部の記号（$や_）が利用できます。

　myFavoriteといった具合に単語の区切りに大文字がよく利用されますが、次のように単語の区切りとしてアンダースコアを利用するパターンもあります。

! POINT

　この他に、ifやforなどのJavaScriptの言語仕様で用途が決まっている名前も変数名には使えません。これらの使用済みの名前を「予約語」といいます。

図4　アンダースコアを含む変数名

```
let my_favorite = "カレー"
```

　変数名には、ハイフンなど使ってはいけない記号や、数値から始めてはいけないといった決まりもあるので注意してください。

図5　変数名としてNGの例

```
// ダメな例 （利用できない記号を使用している）
let my-favorite = "カレー"
// ダメな例 （スペースを含んでいる）
let my favorite = "カレー"
// ダメな例 （数値から始まっている）
let 2myFavorite = "カレー"
```

変数をブラウザで確認

　それでは変数が正しく設定されているかブラウザで確認していきましょう。

　今回はブラウザのConsole上に値を出力するconsole.log()という命令を利用します。

　次の内容をJavaScriptファイルに記述してブラウザのConsoleを確認してみましょう。

memo

　console.log()は、ブラウザのConsoleに()内の内容を表示します。console.log(変数)とした場合は、変数の内容が表示されます。

図6　sample01.js

```
let myFavorite = "カレー"
console.log(myFavorite)
```

　Console上に変数myFavoriteの内容であるカレーという文字列が表示されたことが確認できます。

図7　Consoleに変数を表示

Consoleは本書でも変数や出力内容の確認のためによく利用していきますので覚えておいてください。

letとconst

変数宣言にはlet以外にconstという命令を利用することもできます。letとconstの大きな違いは再代入ができるかできないかです。

再代入が可能なletでは次のようにして途中で変数の中身を変更することが可能です。

図8 sample02.js

```
let myFavorite = "カレー"
myFavorite = "うどん"
console.log(myFavorite)
```

図9 sample02.jsの実行結果

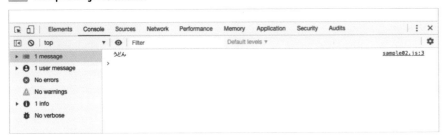

変数myFavoriteには最初は「カレー」という文字列が入っていましたが、途中で「うどん」という文字列を＝を使って再代入しました。そのためConsoleに出力されるのは「うどん」という文字列です。

constはletのような再代入ができません。

図10 sample03.js

```
const myFavorite = "カレー"
myFavorite = "うどん"
console.log(myFavorite)
```

図11 sample03.jsの実行結果

このプログラムを実行すると、文字列ではなく次のようなエラーが出力されます。

図12 エラーメッセージ

```
Uncaught TypeError: Assignment to constant variable.
```

これはconstで定義した変数に再代入を行おうとしたときに表示されるエラーです。

letのほうが再代入ができて便利な気がしますが、プログラミングでは再代入で値が変化すると中身を予想する必要が出てきてしまい、ソースコードを複雑にしてしまいます。

再代入が必要な場合のみletを利用して、不要なときはできるだけconstを利用すると覚えておきましょう。

文字列の操作

+を使った結合

JavaScriptでは+（プラスという記号）を使って文字列にさまざまな変更を加えることができます。次のプログラムを実行してみましょう。

図13 sample04.js

```
const myFavorite1 = "カレー"
const myFavorite2 = "ラーメン"
console.log(myFavorite1 + myFavorite2)
```

console.log()内にはmyFavorite1 + myFavorite2といったように、2つの変数の足し算のような式が記述されています。これはJavaScriptでは文字列を結合するという命令です。

ブラウザで確認するとConsoleにはカレーラーメンという文字列が表示されています。

図14 sample04.jsの実行結果

25

+は変数同士を結合するだけでなく、変数と文字列、文字列と変数を結合することも可能です。

　次の命令では 変数myFavorite1に文字列「と」を結合して、さらに変数myFavorite2を結合するという命令です。

図15　sample05.js

```
const myFavorite1 = "カレー"
const myFavorite2 = "ラーメン"
console.log(myFavorite1 + "と" + myFavorite2)
```

　ブラウザで確認するとConsoleには カレーとラーメン という文字列が表示されています。

図16　sample05.jsの実行結果

+= を使った結合

　文字列の結合方法では+以外に+=という命令も利用できます。+=を利用すると元の変数のあとに新たな文字列を追加してくことができます。

　次の命令では、1行目で変数myFavoriteに文字列「カレー」を代入して、2行目で変数myFavoriteのあとに文字列「と」を追加して、3行目で変数myFavoriteのあとに文字列「ラーメン」を追加しています。

図17　sample06.js

```
let myFavorite = "カレー"
myFavorite += "と"
myFavorite += "ラーメン"
console.log(myFavorite)
```

図18 sample06.jsの実行結果

　この際、変数myFavoriteは値が再代入されていくので、const
ではなくletで定義しなくてはいけない点に注意してください。ブ
ラウザで確認すると先ほどの例と同じく、Consoleにはカレーと
ラーメンという文字列が表示されるのが確認できるでしょう。

数値の操作

数値とは

　JavaScriptで扱える値には、これまで登場してきた文字列以外
に数値があります。数値はいわゆる数のことで、クオーテーショ
ンなどで囲まずプログラム中に直接数字を書きます。
　次のプログラムでは、変数myStringにはクオーテーションで囲
まれた文字列「1」が、変数myNumberはクオーテーションに囲ま
れていない数値の「2」が定義されています。

図19 sample07.js

```
const myString= "1"          ……文字列の「1」を代入
console.log(myString)
const myNumber = 2           ……数値の「2」を代入
console.log(myNumber)
```

図20 sample07.jsの実行結果

　それぞれConsoleに表示して確認してみましょう。文字列で定
義した1は黒く、数値で定義した2は青く表示されます。

数値の計算

　数値と文字列のもっとも大きな違いは + を利用した場合の挙動です。次のように数値同士、文字列同士に + を利用した場合にどうなるか確認してみます。

図21 sample08.js

```
const myString= "1"
console.log(myString + myString)
```

　Consoleに黒く11と表示されるでしょう、これは先ほど学習した文字列の結合です。1という文字列と1という文字列が結合されて11と表示されます。

図22 sample08.jsの実行結果

　数値の場合はどうなるか確認してみましょう

図23 sample09.js

```
const myNumber = 2
console.log(myNumber + myNumber)
```

　Consoleに青く4と表示されるでしょう。記号の左右が数値同士の場合、+は結合ではなく加算（足し算）の記号となります。そのため2 + 2の計算結果である4がブラウザで上に表示されたわけです。

図24 sample09.jsの実行結果

さまざまな計算

JavaScriptでは+以外にもさまざまな計算式が利用できます。

+で足し算、-で引き算、*で掛け算、/で割り算が可能です。ここまでは数学などで習う計算式とほとんど同じですが、少し見慣れないものに%があります。%を利用すると割り算の余りを計算することが可能です。

図25 sample10.js

```
console.log(2 + 2)    ……答えは 4
console.log(3 - 1)    ……答えは 2
console.log(3 * 2)    ……答えは 6
console.log(6 / 2)    ……答えは 3
console.log(7 % 3)    ……答えは 1
console.log(7 % 4)    ……答えは 3
```

+や-といった特別な機能を持つ命令をJavaScriptでは演算子と呼び、今回紹介した計算を行うことができる演算子のことを算術演算子と呼びます。

数値と文字列の違いは、慣れるまでは間違いやすいポイントなので注意してください。

変数をブラウザに表示

ここまでConsole上に変数を表示していましたが、今回はブラウザ上に表示しましょう。html上にid属性「title」を指定したdiv要素を配置します。

図26 sample11.html

```
<!DOCTYPE html>
<html lang="ja">
<head>
  <meta charset="UTF-8">
  <title>title</title>
</head>
<body>
  <div id="title"></div>    ……id属性「title」のdiv要素を追加
  <script src="sample11.js"></script>
</body>
</html>
```

JavaScriptは次のように記述します。

図27 sample11.js

```
const title = "Hello World"
document.querySelector("#title").textContent = title
```

　1行目では変数titleにテキスト「Hello World」を入れています。
2行目では  document.querySelector()という命令でHTML要素
を取得することできます。querySelector()のカッコの内側には取
得したいHTMLを表すCSSセレクタを文字列で指定します。取得
したHTMLのtextContentに1行目で作成した変数を代入すること
でブラウザで表示することができます。

POINT

JavaScriptでHTMLの要素を取得する
場合は、document.querySelector()
を使います。よく使うので覚えておき
ましょう。

図28 ブラウザに「Hello World」と表示される

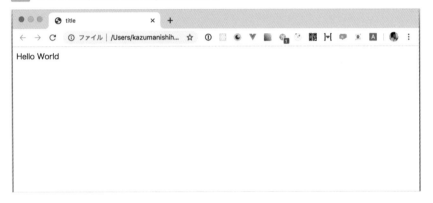

条件分岐を利用してみよう

 THEME テーマ プログラミングの醍醐味である条件によって処理を変える方法を学んでいきましょう。if文や比較演算子などを使用します。

真偽値を使ってみよう

これまで文字列（string型）と数値（number型）というデータを扱いましたが、今回は新たに真偽値（boolean型）というデータを扱っていきます。

真偽値とは

真偽値はtrueとfalseという2つの値しか指定できません。

次のコードでは変数myBoolean1に真偽値trueを、変数myBoolean2に真偽値falseを入れてConsole上に表示しています。この際に！ダブルクオーテーションやシングルクオーテーションで囲まないように注意してください。

POINT

クオーテーションで囲むと、"true"や"false"という文字列になるため、意味が変わってしまいます。

図1 sample01.js

```js
const myBoolean1 = true
console.log(myBoolean1)
const myBoolean2 = false
console.log(myBoolean2)
```

ブラウザで確認すると、次のように青い文字でtrueとfalseが表示されます。文字列だと黒く表示されるので、変数の中身が文字列ではなく真偽値であることが確認できます。

図2 ブラウザに真偽値が表示される

比較演算子で真偽値を取得

　真偽値（boolean型）は、さまざまな条件に応じて、その条件が正しいか正しくないかをtrueもしくはfalseで取得できます。

値が等しいかどうかを確認

　まずは変数の中身が特定の文字列か確認してみましょう。

図3 sample02.js

```
const myString = "雨"
const myBoolean = myString === "晴れ"
console.log(myBoolean)
```

　このコードでは1行目で変数myStringに「雨」という文字列を入れて、2行目で変数myStringの中身が「晴れ」かどうかを確認調べてその結果の真偽値を変数myBooleanに格納しています。変数myBooleanの中身は「晴れ」ではなく、「雨」なのでConsole上で確認すると青い文字列でfalseと表示されます。

図4 sample02.jsの実行結果

　ここでは myString === "晴れ" という記述がポイントで、=== は左右の値が等しいかどうかを確認してその結果を真偽値で返すための命令です。===のように左右の値を比較して結果を返す命令を比較演算子と呼びます。

図5 主な比較演算子

演算子	働き
===	値が等しいか
!==	値が等しくないか
<	右の数値が左の数値より大きいか
>	右の数値が左の数値より小さいか
<=	右の数値が左の数値より大きいか同じか
>=	右の数値が左の数値より小さいか同じか

　次のコードでは変数myStringの中身が「雨」かどうかを確認しており、変数の中身は雨なのでConsole上で確認すると青い文字列でtrueと表示されます。

図6　sample03.js

```
const myString = "雨"
const myBoolean = myString === "雨"
console.log(myBoolean)
```

図7　sample03.jsの実行結果

値が等しくないかどうかを確認

　値が等しくないかどうかを確認する場合には !== という比較演算子を利用します。

図8　sample04.js

```
const myString = "雨"
const myBoolean = myString !== "晴れ"
```

図9　sample04.jsの実行結果

　このコードでは変数myStringの中身が「晴れ」ではないことを確認しており、変数myStringの中身は「雨」なので変数myBooleanにはtrueが格納されます。

　変数myStringを晴れに変更するとmyBooleanにはfalseが格納されます。

図10 sample05.js

```
const myString = "晴れ"
const myBoolean = myString !== "晴れ"
```

図11 sample05.jsの実行結果

数値の比較

数値の比較も可能です。次のコードでは myNumber には 6 + 5 つまり 11 という数値が格納されています。比較演算子の === を利用すると myBoolean には true が確認されます。

図12 sample06.js

```
const myNumber = 6 + 5
const myBoolean = myNumber === 11
```

注意が必要なのは、数値と文字列の比較は基本的に避けたほうがよいという点です。

次のコードでは変数 myNumber には数値の 10 が変数 myString には文字列の 10 が格納されています。これらを比較すると、同じ 10 ですがデータ型が異なるため変数 myBoolean には false が格納されます。

図13 sample07.js

```
const myNumber = 10
const myString = "10"
const myBoolean = myNumber === myString
```

✐ データ型を無視して比較する比較演算子も存在しますが、予期せぬバグの原因になる可能性があるので利用しないほうがよいでしょう。

数値の大小を比較

数値の大小の比較は < や > という比較演算子を利用して確認することができます。

> **! POINT**
>
> データ型を無視する比較演算子は、等しい場合は「==」、等しくない場合は「!=」です。数値「1」と文字列「01」のような比較も等しいと判定してしまうので、注意しましょう。

<は左の数値が右の数値より小さいかどうかを比較し、>は左の数値が右の数値より大きいかどうかを比較することができます。同一の値の場合はfalseを返すので注意をしてください。

図14 sample08.js

```
const myBoolean1 = 10 < 15   ……true
const myBoolean2 = 10 > 15   ……false
const myBoolean3 = 15 < 15   ……false
const myBoolean4 = 15 > 15   ……false
```

<= や >= という比較演算子を利用すると同一の値の場合も含めて比較をしてくれます。

図15 sample09.js

```
const myBoolean1 = 10 <= 15   ……true
const myBoolean2 = 10 >= 15   ……false
const myBoolean3 = 15 <= 15   ……true
const myBoolean4 = 15 >= 15   ……true
```

if文で条件分岐

真偽値は主に条件分岐を行う際に利用されます。JavaScriptではif文という構文を利用して条件分岐を行うことができます。

if文は次のような文法で記述します。ifの後ろのカッコに真偽値を指定して、真偽値の値がtrueの場合のみ {....} の内側の命令が実行されます。

図16 if文の書式

```
if( 真偽値 ){
   真偽値が true の場合に実行したい処理
}
```

フローチャートと呼ばれるプログラミングの流れを示す図では次のように表現できます。

図17 if文のフローチャート

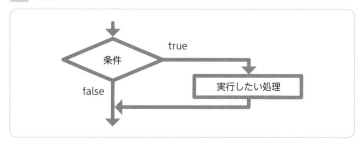

次のコードでは変数myWeatherの値が「晴れ」かどうかを調べて、結果の真偽値を変数isSunnyに格納しています。if文では変数isSunnyの真偽値を確認してtrueの場合にのみConsole上にテキストを出力しています。

図18 sample10.js

```
const myWeather = " 晴れ "
const isSunny = myWeather === " 晴れ "
if(isSunny){
  console.log(' 天気は晴れです ')    ……出力される
}
```

図19 sample10.jsの実行結果

変数myWeatherの値は「晴れ」なのでConsole上にテキストが出力されます。変数myWeatherの値を「雨」に変更するとConsole上にテキストは出力されなくなります。

図20 sample11.js

```
const myWeather = " 雨 "
const isSunny = myWeather === " 晴れ "
if(isSunny){
  console.log(" 天気は晴れです ")    ……出力されない
}
```

if文ではカッコの中には真偽値を入れるだけではなく、比較演算子を利用した条件式を入れることが可能です。

図21 sample12.js

```
const myWeather = " 晴れ "
if(myWeather === " 晴れ "){
  console.log(" 天気は晴れです ")    ……出力される
}
```

else文

if文ではelse文を続けて記述して利用して条件式が一致しない場合の処理を記述することができます。

図22 else文の書式

```
if( 条件式 ){
    条件式が正しいときに実行したい処理
}else{
    条件式が一致しないときに実行したい処理
}
```

フローチャートでは次のように表現できます

図23 else文のフローチャート

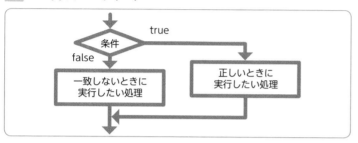

　次のように記述すると変数myWeatherの中身は「晴れ」なので if(){...} で指定した処理は実行されますが、else{...} で指定した処理は実行されません。

図24 sample13.js

```
const myWeather = "晴れ"
if(myWeather === "晴れ"){
    console.log(" 天気は晴れです ")        ……出力される
}else{
    console.log(" 天気は晴れではないです ")    ……出力されない
}
```

　変数myWeatherの中身を「雨」に変更すると if(){...} で指定した処理は実行されませんが、else{...} で指定した処理は実行されるようになります。

図25 sample14.js

```
const myWeather = "雨"
if(myWeather === "晴れ"){
    console.log(" 天気は晴れです ")        ……出力されない
}else{
    console.log(" 天気は晴れではないです ")    ……出力される
}
```

図26 **sample14.jsの実行結果**

else if文

　if文ではelse if文を利用することで条件を追加していくことができます。

図27 **else if文の書式**

```
if( 条件 A){
    条件 A が正しいときに実行したい処理
}else if( 条件 B){
    条件 B が正しいときに実行したい処理
}
```

　フローチャートでは次のように表現できます

図28 **else if文のフローチャート**

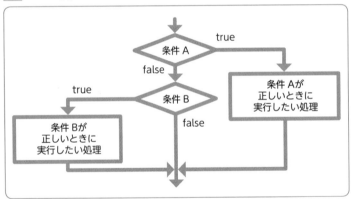

　次のコードでは変数myWeatherが「晴れ」の場合にConsole上に「天気は晴れです」と出力して、変数myWeatherが「雨」の場合には「天気は雨です」と出力します。

図29 **sample15.js**

```
const myWeather = " 雨 "
if(myWeather === " 晴れ "){
    console.log(" 天気は晴れです ")    ……出力されない
}else if(myWeather === " 雨 "){
    console.log(" 天気は雨です ")    ……出力される
}
```

図30 sample15.jsの実行結果

　else文とelse if文は合わせて利用することができます。次のコードでは変数myWeatherが「雪」なのでif文やelse if文の条件は一致せずに最後のelseで指定した命令が実行されます。

図31 sample16.js

```
const myWeather = "雪"
if(myWeather === "晴れ"){
  console.log("天気は晴れです")　……出力されない
}else if(myWeather === "雨"){
  console.log("天気は雨です")　　……出力されない
}else{
  console.log("天気は晴れでも雨でもないです")　……出力される
}
```

図32 sample16.jsの実行結果

論理演算子で複雑な条件を指定しよう

　条件式では&&や||、!といった論理演算子という命令が利用でき複雑な条件を指定することとも可能です。

&& ── 複数の条件がすべて正しい

　&&を利用すると、複数の条件がすべて正しいかを判定することが可能です。次のサンプルでは変数myAgeに保存されている年齢が20歳以上で変数myGenderに保存されている性別が男性の場合のみConsole上に「ターゲットユーザー」と出力されるようにしています。

図33 sample17.js

```
const myAge = 26
const myGender = "男性"
if(myAge >= 20 && myGender === "男性"){
  console.log("ターゲットユーザー")     ……出力される
}else{
  console.log("非ターゲットユーザー")   ……出力されない
}
```

図34 sample17.jsの実行結果

　myAgeの値を19に変えたり、myGenderを「女性」に変えたりすると条件式が通らなくなり、elseで指定している「非ターゲットユーザー」がConsole上に出力されます。

|| ── 複数の条件のいずれかが正しい

　||を利用すると、複数の条件のいずれかが正しいことを条件として指定できます。次のサンプルでは変数myAgeに保存されている年齢が18歳以下もしくは65歳以上の場合のみif文の条件を通るように設定をしています。

> **memo**
> |の記号は「バーティカルバー」または「パイプ」などと呼ばれます。Shiftキーを押しながら「¥」キーを押すと入力できます。

図35 sample18.js

```
const myAge = 26
if(myAge <= 18 || myAge >= 65){
  console.log("割引対象")     ……出力されない
}else{
  console.log("割引対象外")   ……出力される
}
```

図36 sample18.jsの実行結果

myAgeの年齢を15や70などに変更すると「割引対象」が出力されるようになります。

!──真偽値を逆転する

!を指定すると真偽値を逆転することができます。次のサンプルでif文の()の中の変数isSunnyの前についている!が論理演算子の!です。変数isSunnyには変数myWeatherが「晴れ」かどうかの真偽値が入っていますがif文の条件としては論理演算子!があるので晴れではない場合のみ条件が通るようになります。

このサンプルではisSunnyにはtrueが入っていますが、if文の条件式で!を使って真偽値を逆転しているため、Consoleにはなにも出力されません。

図37 sample19.js

```
const myWeather = " 晴れ "
const isSunny = myWeather === " 晴れ "
if(!isSunny){
  console.log(" 天気は晴れではないです ")    ……出力されない
}
```

図38 sample19.jsの実行結果

Lesson 1 06

配列を使ってみよう

90 min

THEME テーマ 複数の値を取り扱える配列と繰り返し構文について学んでいきましょう。配列が持つ便利なメソッドも多数紹介するので、あとで何度か読み返してください。

配列とは

配列の作成

これまで1つの変数に1つの文字列や1つの数値、1つの真偽値を入れてきましたが、配列は1つの変数に複数の値を入れることが可能なデータ構造です。

配列を作成するには、全体を [ ] （角カッコ）で囲み、中に入れる値を , （カンマ）で区切って記述します。

図1 sample01.js

```
const myFruits = ["りんご","みかん","すいか"]
console.log(myFruits)
```

変数myFruitsには「りんご」、「みかん」、「すいか」といった3つの文字列が配列で格納されています。

ブラウザで確認すると、Console上に複数の情報が表示されます。

図2 配列がConsoleに出力される

配列の取得

　配列からデータ構造を取り出す場合には変数の後ろに [] を付けてその内側に取り出したい配列の順番を指定します。配列の順番は 0 から数えるので注意してください。

図3　**配列の取得**

```
変数 [ 配列の順番 ]
```

　先ほど作成した myFruits から値を取り出す場合には次のように指定をします。

図4　**配列の取得**

```
console.log(myFruits[0])    ……りんご
console.log(myFruits[1])    ……みかん
console.log(myFruits[2])    ……すいか
```

　配列は同系統の情報が複数保存される場合に利用したり、順番を指定して取得したりしたい場合に利用することができます。

　次のコードでは曜日の情報を配列に入れておき、指定された曜日の情報をもとに Console 上にテキストを出力しています。

図5　**sample02.js**

```
const weeks = ["日","月","火","水","木","金","土"]
const todayWeek = weeks[3]
console.log("今日は " + todayWeek + " 曜日です。")
```

図6　**sample02.jsの実行結果**

　ブラウザで確認すると「今日は水曜日です。」とブラウザに出力されます。

for文を使ってみよう

for文とは

　for 文は配列とよく一緒に利用される JavaScript 構文で、繰り返し構文とも呼ばれます。

図7 **sample06.js**

```
for ( 初回処理 ; 繰り返し条件 ; 繰り返し処理  ) {
  // 繰り返し実行したい処理
}
```

例えば0〜9までの数値をConsole上に出力する場合には次のように記述をします。

図8 **sample03.js**

```
for (let i = 0 ; i < 10 ; i++  ) {
  console.log(i)
}
```

forのカッコの内側には;(セミコロン)で区切られた3つのブロックがあります。

- 1つ目のブロックには初回処理を書き、let i = 0で変数iに数値の0を入れています。
- 2つ目のブロックの繰り返し条件では、i < 10で変数iの値が10未満の場合に繰り返し実行したい処理が実行されるようにしています。
- 3つ目のブロックの繰り返し処理では ✎ i++ と記述していますが、これはi = i + 1と同じ動きでiの値を1ずつ加算していくという命令です。

🖊 **POINT**

i++のように1ずつ加算していく処理を「インクリメント」といいます。i--とするとiを1ずつ減算していく処理になり、これは「デクリメント」と呼ばれます。

{...} の内側の繰り返し実行したい処理では、console.log(i)として変数iをconsole上に出力しています。

ブラウザで確認すると0から9までの数値がConsole上に出力されているのを確認することができます。

図9 **数値がConsoleに出力される**

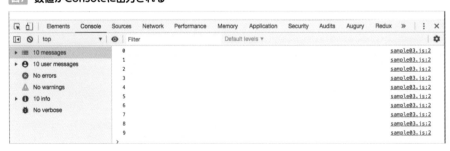

for文で配列を取得

　次は、for文を使って配列を取得してみましょう。現在配列に格納されているデータの数は、配列名.lengthという記述で取得できます。そのため、for文を利用して配列の中身を出力するには、次のように記述します。

図10 **sample04.js**

```
const myFruits = ["りんご","みかん","すいか"]
for (let i = 0 ; i < myFruits.length ; i++) {
  console.log(myFruits[i])
}
```

　ブラウザで確認すると果物のデータがConsole上に出力されます。

図11 **配列の中身がConsoleに出力される**

　これを応用して配列をもとに文章を作成してみましょう。作成する文章は「私の好きな果物は○○○と×××と△△△です。」として○○○や×××に配列のデータが入ります。

図12 **sample05.js**

```
const myFruits = ["りんご","みかん","すいか"]
let text = "私の好きな果物は"
for (let i = 0 ; i < myFruits.length ; i++) {
  text += myFruits[i]
  if(i !== myFruits.length - 1){
    text += "と"
  }
}
text += "です。"
console.log(text)
```

　ポイントは += での文字列結合とif文を利用して、果物間にのみ「と」という文字列が挿入されるように制御している点です。iがmyFruits.length - 1ではない場合、つまり最後の配列のループではない場合にのみ「と」という文字列を入れることで目的の文章を作成することができます。

図13 sample05.jsの実行結果

forEachで配列を取得

配列にはforEachという命令が用意されており、こちらの命令を利用してもfor文と同様に配列の中身をループで取得することができます。

図14 forEachの書式

```
配列名 .forEach(function( 項目 ,i){
  // 処理
})
```

functionに関しては後ほど詳しく解説しますので今の段階ではこういった構文であることだけ覚えておいてください。

先ほどの文章作成のサンプルをforEachで書き直すと次のようになります。配列名にはmyFruitsという複数形、項目名にはmyFruitという単数形を利用して別の名前にしているので、注意が必要です。

図15 sample06.js

```
const myFruits = [" りんご "," みかん "," すいか "]
let text = " 私の好きな果物は "
myFruits.forEach(function(myFruit,i){
  text += myFruit
  if(i !== myFruits.length - 1){
    text += " と "
  }
})
text += " です。"
console.log(text)
```

配列を操作するメソッド

配列にはforEach以外にもさまざまな命令が用意されています。いくつか主要なものを紹介していきましょう。

配列の追加（unshift／push）

unshift を利用すると配列の最初に新たな項目を追加することができます。

次のサンプルでは配列 myFruits にはあらかじめ「りんご」と「みかん」、「すいか」をセットしておき unshift を利用して先頭に「いちご」を追加しています。

図16 sample07.js

```
const myFruits = ["りんご","みかん","すいか"]
myFruits.unshift("いちご")
console.log(myFruits)　……["いちご","りんご"," みかん","すいか"]
```

図17 sample07.jsの実行結果

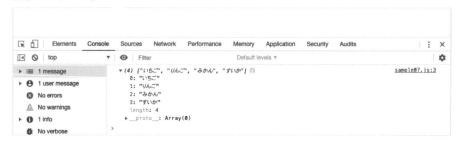

push を利用すると配列の最後尾に新たな項目を追加することができます。

図18 sample08.js

```
const myFruits = ["りんご","みかん","すいか"]
myFruits.push("いちご")
console.log(myFruits)　……["りんご","みかん","すいか","いちご"]
```

図19 sample08.jsの実行結果

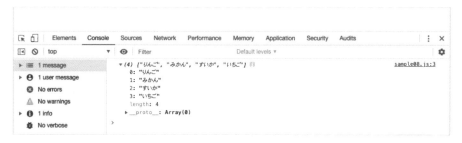

こういった命令を JavaScript ではメソッドといいます。配列の後ろに.（ドット）を書きメソッド名を記述して、カッコの内側にメソッドの処理に必要な情報を書きます。このカッコの内側に記述する情報を引数と呼びます。

unshiftメソッドやpushメソッドでは、引数に追加したい配列
の項目を指定します。

配列の削除（shift／pop）

shiftは配列の最初から項目を取り除くメソッドです。次のサン
プルでは最後の「りんご」が取り除かれた配列に変更されます。

図20 **sample09.js**

```
const myFruits = ["りんご","みかん","すいか"]
myFruits.shift()
console.log(myFruits)  ……["みかん","すいか"]
```

図21 **sample09.jsの実行結果**

popは配列の最後から項目を取り除くメソッドです。次のサン
プルでは最後の「すいか」が取り除かれた配列に変更されます。

図22 **sample10.js**

```
const myFruits = ["りんご","みかん","すいか"]
myFruits.pop()
console.log(myFruits)  ……["りんご","みかん"]
```

図23 **sample10.jsの実行結果**

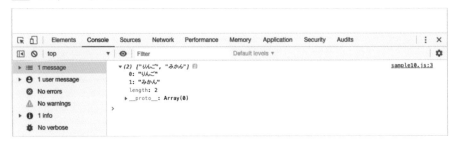

配列の追加と削除（splice）

shiftやpopは配列の最初や最後から項目を取り除きましたが、
任意の位置で項目を削除したい場合はspliceを利用します。

図24 sample11.js

```
const myFruits = ["りんご","みかん","すいか"]
myFruits.splice(1,1)
console.log(myFruits)　……["りんご","すいか"]
```

図25 sample11.jsの実行結果

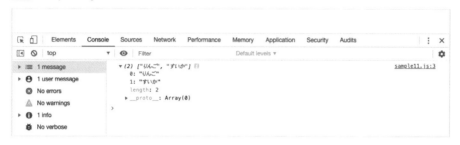

メソッドによっては、カンマ区切りで複数の引数を指定することができ、1個目の引数を第1引数、2個目の引数を第2引数、3個目の引数を第3引数と呼びます。

spliceはさまざまな操作が可能ですが、特定の項目を削除する場合には第1引数に削除したい項目の位置を指定します。位置は0から数えますので、先頭から削除したい場合は「0」を指定します。2番目つまり「みかん」から削除したい場合は「1」を指定して、「すいか」から削除したい場合は「2」を指定します。今回は「みかん」を削除したいので「1」を指定します。

図26 spliceによる削除

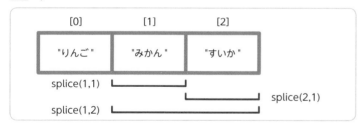

第2引数には削除する項目数を指定します。今回のサンプルのように1を指定すると1つ削除するため「みかん」だけを削除しますが、2を指定すると「みかん」から2個分、つまり「みかん」と「すいか」が削除されます。

spliceは、特定位置に項目を追加することも可能です。

図27 sample12.js

```
const myFruits = ["りんご","みかん","すいか"]
myFruits.splice(1,0,"いちご")
console.log(myFruits)    ……["りんご","いちご","みかん","すいか"]
```

図28 sample12.jsの実行結果

　第1引数に追加したい位置を指定して、第2引数には0を指定します。そうすることで削除は行われず追加が可能になります。第3引数に追加する項目を指定します。今回は「いちご」指定しているので「りんご」と「みかん」の間に「いちご」が追加されます。

図29 spliceによる追加

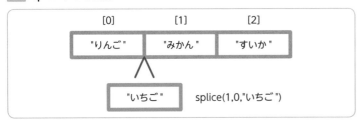

　複数の項目を追加したい場合は、第4引数以降に指定していきます。次のサンプルでは「いちご」だけではなく「めろん」も追加しています。

図30 sample13.js

```
const myFruits = ["りんご","みかん","すいか"]
myFruits.splice(1,0,"いちご","めろん")
console.log(myFruits)    ……["りんご","いちご","めろん","みかん","すいか"]
```

図31 sample13.jsの実行結果

配列の順序の逆転（reverse）

reverse を利用すると、配列の並び順を逆転することが可能です。

図32 sample14.js

```
const myFruits = ["りんご","いちご","めろん","みかん","すいか"]
myFruits.reverse()
console.log(myFruits)  ……["すいか","みかん","めろん","いちご","りんご"]
```

図33 sample14.jsの実行結果

配列の順序を50音順に変更（sort）

sort を利用すると、配列の並び順を 50 音順に変更することが可能です。

図34 sample15.js

```
const myFruits = ["りんご","いちご","めろん","みかん","すいか"]
myFruits.sort()
console.log(myFruits)  ……["いちご","すいか","みかん","めろん","りんご"]
```

図35 sample15.jsの実行結果

わかりやすく50音順と表現しましたが、正確には Unicodeコードポイントと呼ばれるそれぞれの文字に割り当てられている番号の順番に並び替えが行われます。

POINT

Unicodeコードポイントで並べる際に、ひらがなとカタカナが混じった場合は、読み順とは一致はしなくなります。また、漢字も読み順で並ぶわけではないので注意しましょう。

配列を作成するメソッド

　配列には、新たな配列を作成するメソッドも多数用意されています。

配列の切り取り（slice）

　slice は特定位置の項目を取得して、新たな配列を作成するためのメソッドです。第1引数には切り取り開始の位置を指定します。次のサンプルでは配列の4個目の「みかん」から切り取りたいので3を指定します。位置は1からではなく0から指定するので、注意してください。作成した配列は newFruits という変数に入れてConsole上に出力しています。

図36 sample16.js

```
const myFruits = ["りんご","いちご","めろん","みかん","すいか"]
const newFruits = myFruits.slice(3)
console.log(newFruits)          ……["みかん","すいか"]
```

図37 sample16.jsの実行結果

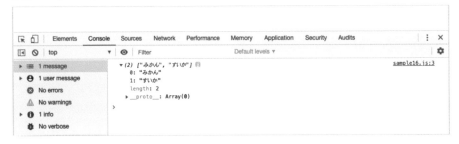

　第1引数にマイナスの値を指定すると後ろから切り取り開始の位置を指定することができます。次のサンプルでは、後ろから3個目つまり「めろん」から切り取りが可能になります・

図38 sample17.js

```
const myFruits = ["りんご","いちご","めろん","みかん","すいか"]
const newFruits = myFruits.slice(-3)
console.log(newFruits)          ……["めろん","みかん","すいか"]
```

図39 sample17.jsの実行結果

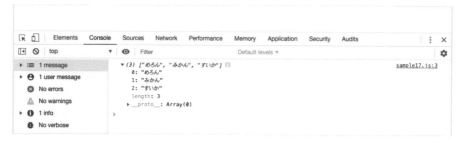

　第2引数には切り取りの終了位置を指定できます。次のサンプルでは4、つまり「すいか」の手前までを切り取り対象に指定しています。

図40 sample18.js

```
const myFruits = ["りんご","いちご","めろん","みかん","すいか"]
const newFruits = myFruits.slice(2, 4)
console.log(newFruits)          ……["めろん","みかん"]
```

図41 sample18.jsの実行結果

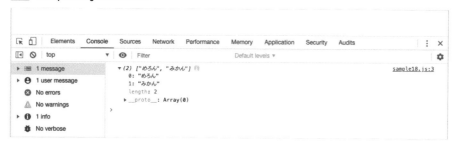

図42 sliceによる切り取り

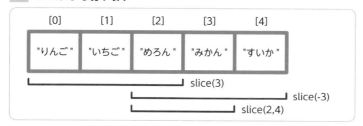

配列のフィルタリング（filter）

　filterを利用すると、特定の条件の項目を取り除いた配列を作成することができます。

　filterは少し書き方が難しく、引数として関数（function）を指定します。関数に関してはLesson 1-07で詳しく説明しますので、わかりにくい場合は関数の説明を読み進めたあとで、あらため

てここの解説を読み返してみてください。

　関数の引数として、配列の各項目の内容（今回のサンプルでは「りんご」や「いちご」などの文字列）が取得できるので、比較演算子などを利用した条件式でフィルタリングし、項目を残したい場合はtrue、取り除きたい場合はfalseを返り値（return）にします。今回のサンプルでは配列の中身が「めろん」ではないという条件でフィルタリングを行っています。

図43 sample19.js

```
const myFruits = ["りんご","いちご","めろん","みかん","すいか"]
const newFruits = myFruits.filter(function(fruit){
  return fruit !== "めろん"
})
console.log(newFruits)  ……["りんご","いちご","みかん","すいか"]
```

図44 sample19.jsの実行結果

　次のサンプルでは文字列のsearchメソッドを利用して、項目に「ん」という文字列が含まれる項目のみを抽出しています。searchメソッドは、引数で指定した文字列が含まれる場合はその位置を、含まれない場合は-1を返すので、fruit.search('ん') !== -1を指定することで「ん」を含む項目のみの抽出が可能です。

図45 sample20.js

```
const myFruits = ["りんご","いちご","めろん","みかん","すいか"]
const newFruits = myFruits.filter(function(fruit){
  return fruit.search("ん") !== -1
})
console.log(newFruits)  ……["りんご","めろん","みかん"]
```

図46 **sample20.jsの実行結果**

配列の中身を変換（map）

　mapを利用すると、配列の中身を変換した別の配列を作成できます。filterと同様に関数の引数に各項目が格納されるので、変換後の項目をreturnで返します。次のサンプルでは文字列に対してtoUpperCase()というメソッドを実行したものを、returnで返しています。toUpperCase()は小文字を大文字に変換するための命令です。そのため新しい配列には大文字の文字列が格納されています。

図47 **sample21.js**

```
const myFruits = ["apple","strawberry","melon"]
const newFruits = myFruits.map(function(fruit){
  return fruit.toUpperCase()
})
console.log(newFruits)  ……["APPLE", "STRAWBERRY", "MELON"]
```

図48 **sample21.jsの実行結果**

複数の配列を結合（concat）

　concatを利用すると、複数の配列を結合して新たな配列を作成することができます。次のサンプルではmyFruitsとyourFruitsという2つの配列を用意して、それらを結合した新たな配列を作成しています。

図49 sample22.js

```
const myFruits = ["りんご","いちご"]
const yourFruits = ["みかん","すいか"]
const newFruits = myFruits.concat(yourFruits)
console.log(newFruits)  ……["りんご", "いちご", "みかん", "すいか"]
```

図50 sample22.jsの実行結果

配列の状態を取得するメソッド

配列には状態を取得するメソッドも用意されてます。

項目の位置を取得（indexOf／lastIndexOf）

indexOfは、引数で指定した内容と一致する項目の位置を取得することができます。次のサンプルでは、2個目と4個目に「いちご」がある配列を用意して、indexOfを利用して位置を取得しています。このサンプルでは変数indexには最初に一致した位置、つまり1が格納されています（位置は先頭を0として数えるので注意してください）。

図51 sample23.js

```
const myFruits = ["りんご","いちご","めろん","いちご","すいか"]
const index = myFruits.indexOf("いちご")
console.log(index)  ……1
```

図52 sample23.jsの実行結果

lastIndexOfは最後に一致した位置を返すので、次のサンプルでは3が表示されます。

図53 sample24.js

```
const myFruits = ["りんご","いちご","めろん","いちご","すいか"]
const index = myFruits.lastIndexOf("いちご")
console.log(index)　……3
```

図54 sample24.jsの実行結果

特定の条件にマッチするか調べる（some / every）

　some を利用すると配列内に指定した条件にマッチする項目が
あるか確認して、その結果を真偽値で返します。書き方は filter
と同じように引数に関数を指定して、条件の判定結果を return で
返します。次のサンプルでは配列内に「いちご」という文字列があ
るかどうかを確認しています。配列 myFruits に「いちご」は存在す
るので、変数 isExist には真偽値 true が格納されています。

図55 sample25.js

```
const myFruits = ["りんご","いちご","めろん"]
const isExist = myFruits.some(function(fruit){
  return fruit === "いちご"
})
console.log(isExist)　……true
```

図56 sample25.jsの実行結果

　逆に条件を「みかん」に変更すると、配列 myFruits に「みかん」は
存在しないので変数 isExist には真偽値 false が格納されます。

図57 sample26.js

```
const myFruits = ["りんご","いちご","めろん"]
const isExist = myFruits.some(function(fruit){
  return fruit === "みかん"
})
console.log(isExist)　……false
```

図58 **sample26.jsの実行結果**

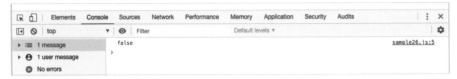

everyは配列の各項目がすべて条件にマッチするかを確認するメソッドです。次のサンプルでは 文字列.lengthで取得できる文字列の長さが3かどうかで確認しています。今回は配列内のすべての文字列の長さが3個なので、変数isExistAllには真偽値trueが格納されています。

POINT

「変数名.lentgth」とした場合、変数に保存されているものが配列の場合は項目数（P.45）、文字列の場合は文字数を取得できます。

図59 **sample27.js**

```
const myFruits = ["りんご","いちご","めろん"]
const isExistAll = myFruits.every(function(fruit){
  return fruit.length === 3
})
console.log(isExistAll)  ……true
```

図60 **sample27.jsの実行結果**

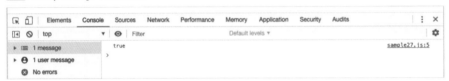

配列内に3文字ではない文字列を入れると、結果は真偽値falseになります。

図61 **sample28.js**

```
const myFruits = ["りんご","いちご","ぱいなっぷる"]
const isExistAll = myFruits.every(function(fruit){
  return fruit.length === 3
})
console.log(isExistAll)  ……false
```

図62 **sample28.jsの実行結果**

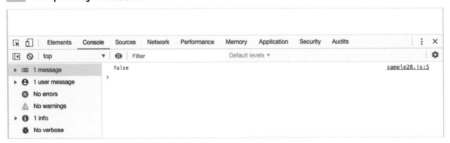

条件にマッチする項目を取得(find)

filterに働きが似ているメソッドにfindがあります。このメソッドは条件にマッチした最初の項目を取得できます。

次のサンプルでは配列内で3文字の項目を探してきて、最初の項目を変数threeLengthFruitに格納していますので「りんご」が出力されます。

図63 sample29.js

```javascript
const myFruits = ["りんご","いちご","ぱいなっぷる"]
const threeLengthFruit = myFruits.find(function(fruit){
  return fruit.length === 3
})
console.log(threeLengthFruit)  ……りんご
```

図64 sample29.jsの実行結果

次のサンプルでは配列内から3文字以外の項目を取得していているので、変数notThreeLengthFruitには「ぱいなっぷる」が格納されます。

図65 sample30.js

```javascript
const myFruits = ["りんご","いちご","ぱいなっぷる"]
const notThreeLengthFruit = myFruits.find(function(fruit){
  return fruit.length !== 3
})
console.log(notThreeLengthFruit)  ……ぱいなっぷる
```

図66 sample30.jsの実行結果

Lesson 1

07

120 min

関数を使ってみよう

THEME テーマ 関数を利用すると命令をまとめることができます。関数を覚えて効率的にJavaScript を記述していく方法について学んでいきましょう。

関数とは

　関数はJavaScriptの命令をまとめておき、呼び出すための構文です。最初にイメージをつかんでいただくために具体的な例で解説を行います。例えば文字列が4文字以上だった場合に3文字にトリミングする処理を考えてみましょう。

図1 sample01.js

```javascript
const myWord = "ぱいなっぷる"
let newWord = ""
if (myWord.length >= 4) {
  newWord = myWord.substring(0,3)
}else{
  newWord = myWord
}
console.log(newWord)    ……ぱいな
```

図2 sample01.jsの実行結果

　新しい命令でsubstringが登場しましたが、これは文字列に対して実行できるメソッドです。第1引数に開始位置、第2引数に終了位置を指定して、その範囲の文字列を取得できます。位置に関しては0から始まる位置で指定しなくてはいけないので注意し

てください。今回の命令では「ぱいなっぷる」という文字列の0文字目の「ぱ」から3文字目の「っ」の直前までの文字列である「ぱいな」が取得できます。

　これでmyWordの文字が4文字以上だった場合に、3文字にトリミングする処理が完成しました。しかし、別のワードでもこの処理が必要になった場合は、次のように同じ処理を重複して書かなくてはいけません。

図3 sample02.js

```
const myWord1 = "ぱいなっぷる "
const myWord2 = "サクランボ "
let newWord1 = ""
let newWord2 = ""
if (myWord1.length >= 4) {
  newWord1 = myWord1.substring(0,3)
}else{
  newWord1 = myWord1
}
if (myWord2.length >= 4) {
  newWord2 = myWord2.substring(0,3)
}else{
  newWord2 = myWord2
}
console.log(newWord1)　……ぱいな
console.log(newWord2)　……サクラ
```

図4 sample02.jsの実行結果

　これだと同じような記述がたくさんあるため、効率が悪くバグの温床にもなります。

　関数を使う形に書き直してみましょう。関数の文法については後ほど解説しますので、ここではイメージをつかんでいただくだけで大丈夫です。

図5 sample03.js

```
function trimmingText(text){　……関数の定義
  if (text.length >= 4) {
    return text.substring(0,3)
  }else{
```

```
    return text
  }
}
const myWord1 = " ぱいなっぷる "
const myWord2 = " サクランボ "
const newWord1 = trimmingText(myWord1)
const newWord2 = trimmingText(myWord2)
console.log(newWord1)  ……ぱいな
console.log(newWord2)  ……サクラ
```

図6 sample03.jsの実行結果

　最初にfunctionで記述しているのが関数です。このtrimmingText関数では4文字以上だった場合に3文字にトリミングする処理を定義しています。一度定義してしまえば呼び出すだけで実行してくれるので、トリミングする文字列の数が増えていってもtrimmingTextを実行すればよいだけです。

　関数のメリットが何となくイメージできましたでしょうか？それでは、関数の文法について解説していきましょう。

関数の定義と呼び出し

　関数は次のように定義を行います。

図7 関数定義の書式

```
function 関数名 (){
  // 処理
}
```

　例えばConsoleに「コンソールに出力」と出力するoutputConsole関数は次のように定義を行います。

図8 sample04.js(抜粋)

```
function outputConsole(){
  console.log(" コンソールに出力 ")
}
```

　関数名には変数と同じく、数字やアルファベット（大文字、小文字）や一部の記号($や_)が利用できます。

　関数は定義しただけでは実行されません。 JavaScriptで関数名

()と記述することで実行されます。これを関数の呼び出しといいます。

　次のように関数を定義したあとに呼び出しを行うことで、関数の中に記述した処理が実行されるわけです。

図9 sample04.js

```
function outputConsole(){
  console.log(" コンソールに出力 ")
}
outputConsole()          ……「コンソールに出力」と出力される
```

図10 sample04.jsの実行結果

関数の引数

　固定の処理を実行するのではなく、条件によって実行する内容を変えたい場合には引数を利用します。

　関数では()の中に引数を定義することができます。

図11 関数定義の書式(引数)

```
function 関数名 ( 引数 ){
  // 処理
}
```

　実行時に関数名(引数の内容)と指定することによって、指定した内容に応じて処理を切り替えることができます。

　引数に受け取った天気の情報をもとに、どのような傘を持っていくかをConsole上に出力するcheckUmbrella関数を作成してみましょう。

図12 sample05.js(抜粋)

```
function checkUmbrella(weather){
  if(weather === " 晴れ "){
    console.log(" 日傘が必要 ")
  }else if(weather === " 雨 "){
    console.log(" 雨傘が必要 ")
  }else{
    console.log(" 傘は不要 ")
```

```
  }
}
```

checkUmbrella関数のカッコ内に記述した「weather」が引数です。こちらは変数名と同じく自由な名前を付けることができ、関数内では変数と同じように利用することができます。このcheckUmbrella関数では引数で受け取ったweatherの中身が「晴れ」の場合はConsole上に「日傘が必要」と出力して、「雨」の場合は「雨傘が必要」と出力、それ以外の場合は「傘は不要」と出力します。

引数の内容は関数の実行時に指定することができます。

図13 sample05.js(抜粋)

```
checkUmbrella(" 晴れ ")    ……日傘が必要
checkUmbrella(" 雨 ")      ……雨傘が必要
checkUmbrella(" 曇り ")    ……傘は不要
checkUmbrella(" 雪 ")      ……傘は不要
```

図14 sample05.jsの実行結果

また、カンマ区切りで複数の引数を指定できます。

次のadditionNumber関数は、受け取った2つの引数（number1とnumber2）を足した値をConsole上に出力します。additionNumberの実行時にも引数を2つ指定しなくてはいけないので、注意してください。

図15 sample06.js

```
function additionNumber(number1,number2){
  console.log(number1 + number2)
}

additionNumber(1 , 20)    ……21
additionNumber(12 , 3)    ……15
additionNumber(14 , 11)   ……25
```

図16 sample06.jsの実行結果

1つ目の引数を第1引数、2つ目の引数を第2引数と呼び、第3引数以降も必要に応じていくつでも定義することができます。

関数の返り値

関数で処理した値を取得したい場合は返り値という機能を利用します。return構文を利用して返り値を設定できます。

WORD 返り値

返り値は英語ではreturn valueといいます。「戻り値」とも呼ばれます。

図17 関数定義の書式

```
function 関数名 (){
  // 処理
  return 返り値
}
```

返り値で取得した内容は変数などに入れて利用することができます。

先ほど作成したadditionNumberを改造して、足し算の結果を受け取るgetAdditionNumberという関数を作成してみましょう。関数内では計算結果をanswerという変数に入れておき、それをreturnに指定して返り値としています。

図18 sample07.js

```
function getAdditionNumber(number1,number2){
  const answer = number1 + number2
  return answer
}

const answer1 = getAdditionNumber(1 , 20)
console.log(answer1)  ……21

const answer2 = getAdditionNumber(12 , 3)
console.log(answer2)  ……15

const answer3 = getAdditionNumber(14 , 11)
console.log(answer3)  ……25
```

図19 sample07.jsの実行結果

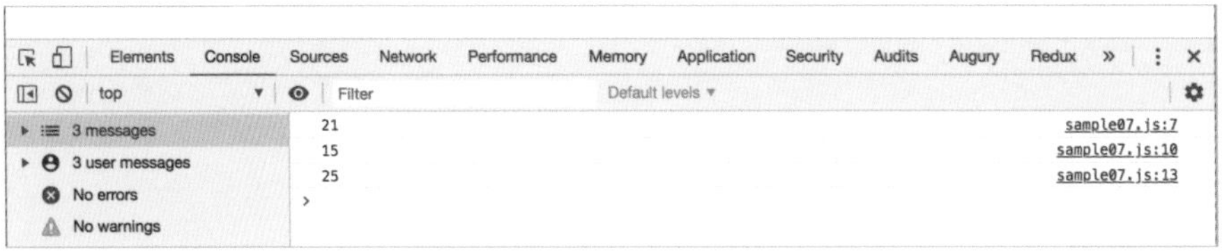

変数のスコープ

変数には、これまで説明してこなかったスコープという特殊な概念が存在します。

関数の内外で定義した変数のスコープ

次のサンプルを確認してください。

図20 sample08.js

```
const baseNumber = 10    ……関数外で定義した変数
function getAdditionNumber(number){
  const answer1 = baseNumber + number
  return answer1
}
const answer2 = getAdditionNumber(12)
console.log(answer2)    ……22
```

図21 sample08.jsの実行結果

22

sample08.js:7

まず、関数外でbaseNumberという変数を定義しており、それを関数内で利用しています。このように関数外で定義した変数などは関数内で利用することができます。

しかし逆はできません。Consoleに出力する内容をanswer2からanswer1に変更して確認してみましょう。Console上には「Uncaught ReferenceError: answer1 is not defined」といったエラーが出力されます。

図22 sample09.js

```
const baseNumber = 10
function getAdditionNumber(number){
```

```
  const answer1 = baseNumber + number   ……関数内で定義した変数
  return answer1
}
const answer2 = getAdditionNumber(12)
console.log(answer1)   ……エラー
```

図23 エラーメッセージ

変数answer1は関数内で定義されているのに未定義とエラーが出るのは納得がいきませんが、これが変数のスコープと呼ばれるものです。関数内で定義された変数は、関数外では参照することができないというJavaScriptのルールがあるためです。

慣れない間はよくミスしてしまうところなので、変数の定義場所を意識して、どこで利用できるかを把握しましょう。

関数以外の変数スコープ

先ほど、関数のスコープについて説明しましたが、厳密には正確ではありません。JavaScriptでは関数以外にもスコープが発生します。

次のサンプルでは、変数myWeatherの状態に応じて変数textの内容を変更して、Console上に出力しようとしていますが「Uncaught ReferenceError: text is not defined」とエラーが出て思い通りに動きません。

図24 sample10.js

```
const myWeather = "雨"
if(myWeather === "雨"){
  const text = "傘を持っていく"        ……波カッコ内で変数を定義
}else{
  const text = "傘を持っていかない"    ……波カッコ内で変数を定義
}
console.log(text)    ……エラー
```

図25 sample10.jsの実行結果

letやconstで定義した変数は 波カッコ {...} の間でしか有効でありません。上のサンプルではifの波カッコ内で変数を定義しているので、波カッコの外では取得できなくなってしまっています。

エラーが出ないようにするには、波カッコの外で変数を定義しておき、波カッコ内で代入することで波カッコの間の処理結果を波カッコの外に引き継ぐことができます。

図26 sample11.js

```
const myWeather = "雨"
let text     ……波カッコの外で変数を定義
if(myWeather === "雨"){
  text = "傘を持っていく"
}else{
  text = "傘を持っていかない"
}
console.log(text)    ……「傘を持っていく」と表示される
```

図27 sample11.jsの実行結果

if以外にもfor文などJavaScriptではさまざまなところで波カッコを利用するので、変数のスコープは常に意識するようにしましょう。

ただし、同じ変数でもletやconstではなくvarを利用した変数定義では波カッコの外から参照ができる例外があります。

図28 sample12.js

```
const myWeather = "雨"
if(myWeather === "雨"){
  var text = "傘を持っていく"        ……波カッコ内で変数を定義
}else{
  var text = "傘を持っていかない"      ……波カッコ内で変数を定義
}
console.log(text)    ……「傘を持っていく」と表示される
```

便利なようですが、varによる変数定義だとスコープが大きくなり、予期せぬ場所で目的の変数を上書きするバグの原因になります。特段の理由がなければ利用しないほうがよいでしょう。

関数式と関数宣言

これまで関数の記述方法を学んできましたが、これまで学んだ方法は関数宣言と呼ばれます。関数の定義方法では関数宣言以外に❗関数式と呼ばれる方法もあります。その記述方法を解説しましょう。

関数式

もう一度これまで使っていた関数宣言を利用した関数の定義方法を思い出してみましょう。

図29 関数宣言による関数定義

```
function 関数名 (){
  // 処理
}
```

これに対して関数式を利用する場合は、次のように定義を行います。

図30 関数式による関数定義

```
const 関数名 = function(){
  // 処理
}
```

実行方法や引数、返り値の指定の方法は関数宣言と一緒です。関数宣言で作成したgetAdditionNumber関数を関数式で書き直すと次のようになります。

図31 sample13.js

```
const getAdditionNumber = function(number1,number2){
  const answer = number1 + number2
  return answer
}

const answer1 = getAdditionNumber(1 ,20)
console.log(answer1)    ……21
```

関数式と関数宣言の定義場所の違い

定義方法以外の機能として1点だけ違うのは、関数宣言はスコープ内のどこで定義しても参照できるのに対して、関数式は定義後にしか利用ができません。

次のサンプルではgetAdditionNumberを定義前に利用していま

❗ POINT

関数式の書式を変数に入れずに直接書くこともでき、この書き方を無名関数といいます。その名の通り関数名がなく、他の場所から呼び出す必要のないときに使われます。P.54で使われている次の文はfunctionが使われていますが、関数名を定義していない無名関数です。

```
const newFruits = my Fruits.
filter(function (fruit){
  return fruit !== " めろん"
})
```

引数に関数を指定する必要があり、その場以外では使わない処理については、このような無名関数として書くことが一般的です。

すが、getAdditionNumber は同一スコープで定義されているため
エラーにはならずに目的の結果を得ることができます。

図32 sample14.js

```
const answer1 = getAdditionNumber(1 ,20)
console.log(answer1) ……21

function getAdditionNumber(number1,number2){
  const answer = number1 + number2
  return answer
}
```

図33 sample14.jsの実行結果

　これを次のように関数式に変更すると、「Uncaught Reference
Error: Cannot access 'getAdditionNumber' before initialization」と
いうエラーが出てしまいます。

図34 sample15.js

```
const answer1 = getAdditionNumber(1 ,20)
console.log(answer1)

const getAdditionNumber = function(number1,number2){
  const answer = number1 + number2
  return answer
}
```

図35 sample15.jsの実行結果

　関数式と関数宣言どちらを利用すべきかはケースによって変
わってくるので一概にいえませんが、少なくとも同一スクリプト
内で混在するのはよくありません。どちらかに統一して利用する
のがよいでしょう。

JavaScriptの
オブジェクト

JavaScriptの基本文法を学んだところで、次にJavaScript
でWebページを作成する際に必要になる"オブジェクト"に
ついて詳しく見ていきましょう。ここでは、よく使われる
日付に関する処理とデータの操作について学びます。

基本 > アプリ制作 > Vue.js >

JavaScriptで日付を扱おう

 プログラムの中で日時を扱うことはよくあります。ここでは、Dateオブジェクトを使って日付と時刻をJavaScriptで操作する方法を学びましょう。

Dateオブジェクト

　この章では、JavaScriptのオブジェクトの利用について解説していきます。オブジェクトとはJavaScriptの中で基本となるもので、JavaScriptでは、前章で解説した関数や配列も実はオブジェクトの1つです。JavaScriptに組み込まれているオブジェクトを利用できるだけでなく、任意のオブジェクトを作ることもできます。

　まずは、組み込みオブジェクトの中からDateオブジェクトを使って日付を扱う方法を見てみましょう。

　JavaScriptのDateオブジェクトは、協定世界時（UTC）と現地時刻（日本国内の場合はJSTと呼ばれる時差を含んだ時刻）の2種類の時刻を扱うことができます。

　一般的に現地時刻を用いることが多いので、サンプルでは現地時刻を使ってDateオブジェクトを操作してみましょう。

今日の日付を表示してみよう

　それではDateオブジェクトを使って今日の日付を表示してみましょう。

　手順は次のようになります。

1. Dateオブジェクトを初期化する
2. メソッドを使って日付の文字列を出力する

Dateオブジェクトを初期化する

　Dateオブジェクトを使うためには、はじめに初期化を行う必要

> **WORD　メソッド**
>
> 　メソッドとはオブジェクトを操作したりオブジェクトの値を取得したりすることができる関数のことです。この章で扱っているDateオブジェクトを含めオブジェクトにはあらかじめさまざまなメソッドが定義されています。

があります。初期化をすると、日付を取得したり操作をしたりする関数（メソッド）が使えるようになります。

　Dateオブジェクトを初期化するコードは次の通りです。

図1　Dateオブジェクトの初期化

```
new Date()
```

　Date()の前に**new演算子**と半角スペースを記述します。一見すると関数の呼び出しDate()に似ていますが、new演算子が付いているのが初期化を行う命令です。

　次のコードのように、new演算子のあとに半角スペースがない場合や、小文字で始まるdateで記述した場合はエラーになりますので注意してください。

図2　エラーになるコード

```
newDate()     ……new と Date() の間に半角スペースがない

new date()    ……date が小文字で始まっている
```

　Dateオブジェクトに限らず、JavaScriptではnew演算子を使うことでオブジェクトを初期化します。また、Date()は一般的な関数の呼び出しではなく、コンストラクタの呼び出しといいます。このとき引数を与えずに初期化が行われると呼び出した時点の日時が自動的に設定されます。

メソッドを使って日付の文字列を出力する

　次のサンプルでは変数myDateに初期化済みのオブジェクトが代入されています。

図3　sample01.js

```
let myDate = new Date()

console.log(myDate.getFullYear())     ……今年の年（西暦）を表示
```

　このnew演算子で初期化されたオブジェクトのことを**インスタンス**と呼んだり、new演算子を使って呼び出すDateを**クラス**と呼んだりすることがあります。

　オブジェクトを初期化すると、日付を取得するget○○メソッドや日付を変更するset○○メソッドなどが使えるようになります。

WORD　new演算子

　new演算子は組み込みオブジェクトや、ユーザーが定義したコンストラクタ関数やクラス（ES 2015から追加）から新しいオブジェクト作成するために使われます。

　これらnew演算子の初期化対象であるオブジェクト、コンストラクタ関数、クラスは慣例的に大文字で始まる名前が付けられていています。

WORD　インスタンスとクラス

　一般的なプログラミング言語では、クラス（ある特徴を持った機能や値の集まりの定義）とインスタンス（クラスを具体化した物）の概念があります。

　JavaScriptを使ったプログラミングでも同様にクラス・インスタンスといった表現を慣例的に用いますが、実際にはクラスもインスタンスも同じくオブジェクトになっています。そのためオブジェクトベース言語やプロトタイプベース言語と呼ばれています。

サンプルのmyDate.getFullYear()では年を取得するgetFullYear()
メソッドを呼び出しており、取得した西暦（例えば2019など）が
Consoleに表示されます。

図4　sample01.jsの実行結果

次の表は、よく使われる日付・日時を取得するget○○メソッ
ドと変更を行うset○○メソッドの一覧です。

図5　日付、日時を取得設定するメソッド

単位	値を取得する	値を設定する	働き
年	getFullYear	setFullYear	西暦での年数を表します。setFullYear メソッドは、年数のほかに省略可能な引数として月（0〜11）と日を指定できます。
月	getMonth	setMonth	1月から12月までの月を0〜11の数値で表します。
曜日	getDay	setDay	日曜から月曜の7つの曜日を0〜6の数値で表します。0は日曜日で7は土曜日です。
日	getDate	setDate	1から始まる日にちを表します。setDate メソッドに0を指定した場合、最終日が設定されます。
時	getHours	setHours	1から始まる時刻（時）を表します。
分	getMinutes	setMInutes	1から始まる時刻（分）を表します。
秒	getSeconds	setSeconds	1から始まる時刻（秒）を表します。
ミリ秒	getMilliSeconds	setMilliSeconds	1〜999のミリ秒（1000分の1秒）を表します。
数値	getTime	setTime	1970年1月1日から経過した時間（ミリ秒）の数値を表します。

表の一覧の中からget○○をいくつか使ってみましょう。月の
数値に1を足していることに注意してください。これは月の数値
が0から始まる連番0, 1, 2, ... 10, 11となっているためです。

図6　sample02.js

```
let myDate = new Date()
console.log(myDate.getMonth() + 1)    ……今月の月を表示
console.log(myDate.getDate())         ……今日の日にちを表示
console.log(myDate.getHours())        ……今の時間を表示
```

図7　**sample02.jsの実行結果（実行した日時により結果は異なります）**

　Date オブジェクトには、日付以外にも1970年1月1日から経過した時間（ミリ秒＝1/1000秒）を数値を表すgetTimeとsetTimeメソッドも用意されています。

図8　**sample03.js**

```
// 1970年1月1日から何ミリ秒経過したでしょうか？
let myDate = new Date()


console.log("1970年1月1日から数えて " + myDate.getTime() + "ミリ秒経過しました")
                                                    ┈┈┈経過したミリ秒を表示
```

図9　**sample03.jsの実行結果**

今日の日付を表示してみよう

　それでは文字列の連結も使って日付を読みやすくしてみましょう。.getMonth()で取得する月の値は+1する必要があるため、(today.getMonth() + 1) + "月"というようにカッコで計算の順を変えているのがポイントです。次のサンプルは結果がわかりやすくなるように日付の単位となる文字列を連結しています。

図10　**sample04.js**

```
let today = new Date()

console.log(
  "今日は " +
  today.getFullYear() + "年" +
  (today.getMonth() + 1) + "月" +
  today.getDate() + "日です。"
)
```

図11 sample04.jsの実行結果

　文字列の結合（+演算子）は、数の加算と同じように、左から順番に結合するルールがあります。そのため、"今日は2019年" + 9 が結合して"今日は2019年9"になり、そこに + 1とすると1が文字列として結合され、"今日は2019年91"となってしまいます。

　この例のように数値と文字列が混在する場合には、数値の計算は先に行う必要があるので注意してください。

memo

　+演算子を使って数値と文字列を混ぜた加算・文字列の連結を行う時は、数値の加算を優先するようにする必要があります。

　数値と文字列の計算は次のようになります。

・数値 + 数値 は加算
・文字列 + 数値 は連結
・数値 + 文字列 は連結
・文字列 + 文字列 は連結

図12 sample05.js

```
console.log(
  "今日は " +
  2019 + "年" +
  (9 + 1) + "月" +
  22 + "日です。"
)          ……「今日は 2019 年 10 月 22 日です。」と表示される

console.log(
  "今日は " +
  2019 + "年" +
  9 + 1 + "月" +
  22 + "日です。"
)          ……「今日は 2019 年 91 月 22 日です。」と表示される
```

図13 sample05.jsの実行結果

今日の曜日を表示してみよう

　次のサンプルでは曜日を表示します。先に表で示した通り、getDayメソッドは0〜6の数値で曜日を表すので、あらかじめ"日"から"土"の文字列を入れた配列を準備しておきます。これにより dayNames[1] のように曜日を得られるようになります。

図14 sample06.js

```
let today = new Date()

let dayNames = [ "日", "月", "火", "水", "木", "金", "土" ]
let day = today.getDay()

console.log("今日は " + dayNames[day] + " 曜日です。")
```

図15 sample06.jsの実行結果

今の時刻を表示してみよう

次に時刻を表示してみましょう。日付と同じようにオブジェクトに定義されている getHours()、getMinutes()、getSeconds()、getMilliseconds() メソッドを使います。

図16 sample07.js

```
let today = new Date()

console.log(
  "時刻は " + today.getHours()   + " 時 " +
            today.getMinutes() + " 分 " +
            today.getSeconds() + " 秒 " +
            today.getMilliseconds() + " ミリ秒です。"
)
```

図17 sample07.jsの実行結果

未来・過去の日付を表示してみよう

今日から数えて数日前と数日後を表示してみましょう。前回までは getFullYear や getDate などの日付を取得するメソッドを使いましたが、ここでは set メソッドを使って日付を操作します。

特定の日付の曜日を表示してみよう

　特定の日付を表すDateオブジェクトがほしい場合は、初期化時に引数を渡すことができます。次のサンプルでは日付を数値として渡して初期化しています。この場合も月を指定する場合は、1月から12月を0〜11で表すことに注意してください。

図18 sample08.js

```
const someDay = new Date(2020, 1, 13)      ……2020年2月13日を指定

const dayNames = ["日", "月", "火", "水", "木", "金", "土"]
const youbi = dayNames[someDay.getDay()]   ……曜日を取得

console.log(
  someDay.getFullYear() + "年" +
  (someDay.getMonth() + 1) + "月" +
  someDay.getDate() + "日は" +
  youbi + "曜日です。"
)
```

図19 sample08.jsの実行結果

　次のサンプルコードでは、数値での複数の引数、日付文字列、1970年1月1日からの経過ミリ秒数を指定しています。

図20 sample09.js

```
// このコードはすべて2020年2月13日10時45分00秒を指

new Date(2020, 1, 13, 10, 45, 0, 0)
new Date("2020-02-13T10:45:00")   ……日付 + 時刻の文字列を指定
new Date(1581558300000)           ……1970年1月1日から経過したミリ秒を指定
```

　JavaScriptではいくつかの表記法の日付文字列を使うことができます。

　文字列として良く使われるのはISOの国際規格で定められているISO 8601フォーマットです。このISO 8601を使った表記法は日付と時刻をT記号で区切ります。現地時間を表す場合にはタイムゾーンの時間帯（日本の場合は+09:00）を追加します。

図21 日本時間の表記例

```
2020-02-13T10:45:00+09:00
```

　もしくは JavaScript では時間帯を省略できますので次のように
も表記できます。

図22 時間帯を省略した現地時刻の表記例

```
2020-02-13T10:45:00
```

　UTC を表す場合には Z 記号を使います。

図23 UTC日時の表記例

```
2020-02-13T01:45:00Z
```

　間違いやすい点として、日付のみ2020-02-13を表記した場合に、
JavaScript では UTC に解釈される仕様なので注意してください。

未来と過去の日付を表示してみよう

　今日を基準にして 100 日後の日付を表示してみましょう。次の
サンプルでは基準となる日付を得たあとで、setDate メソッドに
「日付 + 日数」を指定します。

図24 sample10.js

```javascript
let today = new Date() // 基準となる日付を取得

console.log("今日は " + today.getDate() + " 日です")

let futureDay = new Date()
futureDay.setTime(today.getTime())
futureDay.setDate(today.getDate() + 100) // 今日の日付に 100 を足して setDate

console.log(
  "100 日後の日付は " +
  futureDay.getFullYear() + " 年 " +
  (futureDay.getMonth() + 1) + " 月 " +
  futureDay.getDate() + " 日です。"
)
```

図25 sample10.jsの実行結果

最後に7日前の日付を表示してみましょう。同様にsetDateメソッドの引数に「日付 - 日数」を指定することで求められます。

図26 sample11.js

```
let today = new Date()                ……基準となる日付を取得

console.log(" 今日は " + today.getDate() + " 日です。")

let pastDay = new Date()
pastDay.setTime(today.getTime())
pastDay.setDate(today.getDate() - 7)    ……今日の日付から 7 を引いたものを設定

console.log(
  "7 日前の日付は " +
  pastDay.getFullYear() + " 年 " +
  (pastDay.getMonth() + 1) + " 月 " +
  pastDay.getDate() + " 日です。 "
)
```

図27 sample11.jsの実行結果

タイマーを作ってみよう

 THEME テーマ JavaScriptを使ってブラウザを扱う方法とタイマー処理について解説します。ブラウザで動くタイマーを作ってみましょう。

タイマーアプリに必要なもの

ここではDateオブジェクトの応用として簡単なタイマーアプリを作っていきましょう。最初に、タイマーを作るためにはいったいどのような機能が必要になるのか、まとめてみます。タイマーにはおおまかに次のような動作があります。

- タイマーの時刻を決定する
- 現在の時間をチェックする
- 時間が達していたら通知・停止する
- タイマーをストップする

これらの手順をJavaScriptのコードに割り当てると、次のような実装案となります。

図1 タイマーアプリの実装案

```
●スタートボタン（タイマーの時刻を決定する）
  - 現在時刻 Date.now() に入力した秒を加算し、タイマーの終了時刻を決定する
  - setInterval を呼び出して処理の繰り返しを開始する
●繰り返しの動作
  - 現在の時間をチェックする
    - 現在の時刻 Date.now() と終了時刻の差分を比較する
  - 終了時刻に達していたら通知・停止する
    - clearInterval を呼び出し、繰り返しを停止する
●ストップボタン（タイマーをストップする）
  - clearInterval を呼び出し繰り返しを停止する
```

この例の他にもさまざまな実装がありえますが、ここでは一般的によく使われる関数で構成しています。

setTimeoutとsetIntervalを使う

　繰り返しの手順で必要となる、setTimeout、clearTimeout、setInterval、clearIntervalという4つのグローバル関数について説明しましょう。これらは時間（タイミング）を制御するための関数です。

　setTimeoutとsetIntervalは指定した時間（ミリ秒＝ms）が経過したら、**コールバック関数**を呼び出す関数です。

　setTimeoutは一度だけコールバック関数を呼び出すのに対して、setIntervalはブラウザのウィンドウを閉じるかページを移動するまで繰り返しコールバック関数を呼び出し続けます。

　また、コールバック関数の呼び出しをキャンセルする場合にはsetTimeoutかsetIntervalの戻り値をclearTimeoutとclearIntervalへ渡します。setTimeoutとsetIntervalは呼び出した回数の分だけコールバック関数の呼び出しが予約されます。タイマーが不要になった際は、clearTimeoutやclearIntervalを呼び出してタイマーをキャンセルし、コールバック関数が何度も呼び出されないようにしましょう。

WORD　グローバル関数

　グローバル関数とは、オブジェクトを生成したり、自分で定義しなくても呼び出せるあらかじめ組み込まれた関数を指します。

WORD　コールバック関数

　コールバック関数とは、ほかの関数の引数として指定された関数のことです。

図2　setTimeoutとsetIntervalの書式

```
let タイムアウトID = setTimeout( コールバック関数 , ミリ秒 )
let インターバルID = setInterval( コールバック関数 , ミリ秒 )
```

図3　clearTimeoutとclearIntervalの書式

```
clearTimeout( タイムアウトID )
clearInterval( インターバルID )
```

　次のサンプルはsetTimeoutの利用例です。ブラウザで実行すると、5秒後にConsoleに"5秒経ちました"と表示されます。

図4　sample01.js

```
setTimeout(function () {
  console.log("5秒経過しました")
}, 5000)
```

memo

　setTimeoutの第1引数には、P.69で解説している無名関数を指定します。

図5　sample01.jsの実行結果

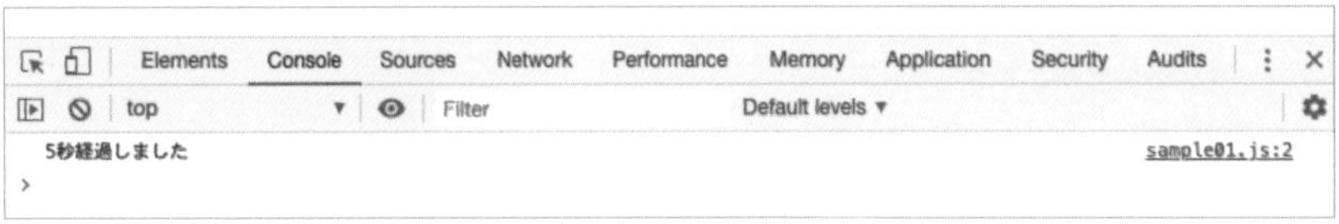

次のようにキャンセルした場合にはコールバック関数は呼ばれ
ません。

図6 sample02.js

```
let timeoutId = setTimeout(function () {
  console.log("5秒経過しました")    ……すぐに clearTimeout しているため実行されません
}, 5000)


clearTimeout(timeoutId)
```

次のサンプルは setInterval と clearInterval を組み合わせた例で
す。1秒ごとにメッセージを表示し、5秒後にインターバル処理を
キャンセルしています。

図7 sample03.js

```
let count = 1     ……表示する秒数を初期化

let intervalId = setInterval(function () {
  console.log(count + "秒経過しました")    ……経過秒数を表示


  if (count >= 5) {              ……count が 5 になったかどうか
    clearInterval(intervalId)    ……関数の呼び出しを停止
    console.log("停止しました")    ……停止しましたと表示
  }


  count++    ……count を 1 増やす (→ P.44)
}, 1000)    ……1000 ミリ秒 (1 秒) ごとに実行
```

図8 sample03.jsの実行結果

これが setTimeout と setInterval、clearTimeout と clearInterval
の利用法になります。これら組み合わせてタイマーの繰り返し動
作とタイマーをストップする機能を作ることができます。
　次は実際にタイマーを JavaScript で作っていきましょう。

タイマーを作ってみよう

　タイマーを作るにあたり、ベースとなる HTML と CSS を用意します。次の HTML ではタイマーの秒数を入力するテキスト入力エリアと、残り時間を表示する SPAN 要素、スタート・ストップボタンがあります。これらの要素には JavaScript から操作できるよう ID 属性を追加しています。

図9 01/timer.html

```html
<!DOCTYPE html>
<html lang="ja">
<head>
  <meta charset="UTF-8">
  <title>title</title>
  <link rel="stylesheet" href="normalize.css" />    ┐ CSS の読み込み
  <link rel="stylesheet" href="timer.css" />        ┘
</head>
<body>
  <div id="wrapper">
    <form id="input-form">

      <div class="input-text">
        <input type="number" value="5" id="time-input" />    ┐ 秒数入力フォーム
        <label for="time-input"> 秒 </label>                 ┘
      </div>


      <div class="input-text">
        <span> のこり </span>                     ┐
        <span id="count-down">0</span>            ├ 残り秒数の表示
        <span> 秒 </span>                         ┘
      </div>


      <div class="submit">
        <button type="button" id="start-button"> スタート </button>    ……スタートボタン
        <button type="button" id="stop-button"> ストップ </button>     ……ストップボタン
      </div>


    </form>
  </div>
  <script src="timer.js"></script>    ……JavaScript の読み込み
</body>
</html>
```

　赤で示した ID 属性が JavaScript で使用するものです。

図10 01/timer.css

```css
@import url("https://fonts.googleapis.com/css?family=Noto+Sans+JP:400|Roboto:400,700&display=swap");

* {
  box-sizing: border-box;
}

body {
  font-family: "Roboto", "Noto Sans JP", sans-serif;
  -webkit-font-smoothing: antialiased;
  font-size: 14px;
  line-height: 1.5;
  color: #000;
  background: white;
}

/* base layout */
#wrapper {
  max-width: 960px;
  margin: 30px auto;
  padding: 0 15px;
  min-height: 300px;
}

#input-form .input-text {
  display: flex;
  align-items: center;
}

#input-form .input-text + .input-text,
#input-form .input-text + .submit {
  margin-top: 1rem;
}

/* 1st line */
.input-text input {
  border: 1px solid #e6e6e6;
  width: 6em;
  line-height: 30px;
  text-align: center;
}

.input-text label {
  display: block;
  padding: 0 1em;
  width: 6em;
}
```

ページ全体のレイアウトに関する指定

フォームの指定

テキストボックスに関する指定

85

```
/* 2nd line */
.input-text span {
  display: inline-block;
  white-space: nowrap;
}

.input-text span + span {
  margin-left: 1em;
}
```

残り秒数に関する指定

```
/* controls */
.submit button {
  margin: 0 0;
  padding: 0 10px;
  border: 1px solid #e6e6e6;
  border-radius: .5em;
  line-height: 30px;
  font-size: 16px;
  transition: 0.1s all ease-in;
}

.submit button + button {
  margin-left: .2em;
}

.submit button:disabled {
  cursor: not-allowed;
  opacity: 0.5;
}

.submit button#start-button {
  background: #1aaed3;
  color: #ffffff;
}
```

スタートボタン・ストップボタンに関する指定

図11 HTMLとCSSのみの状態

タイマーの開始

　それでは timer.js ファイルにタイマーを開始する処理を記述していきます。はじめに関数定義のみのコードを作成します。

図12 02/timer.js

```
/**
 * タイマーを開始する
 */
function startTimer() {

}

/**
 * タイマーを終了する
 */
function stopTimer() {

}

/**
 * 残り時間をチェックする繰り返し
 */
function checkRemainingTime() {

}

/**
 * 残り時間を表示する
 */
function setDisplay(second) {

}
```

　タイマー開始の処理を startTimer 関数内に記述していきます。テキスト入力エリアの値を取得して、変数 second に代入します。HTML にある INPUT 要素の値を取得するには、document.querySelector(セレクタ).value を使います。

図13 querySelectorでINPUT要素を取得

```
function startTimer() {
  let second = document.querySelector("#time-input").value
}
```

タイマーの終了時刻を計算する

　次にタイマーの終了時刻を決める計算式と変数を追加します。終了時刻を記憶する変数 finish は他の関数からも参照する必要があるので、関数の外に let finish を追記して宣言します。

67ページ **Lesson1-07**参照。

図14 **03/timer.js**

```
let finish // 関数の外側に宣言します

function startTimer() {
  let second = document.querySelector("#time-input").value

  // スタートした時刻とタイマーの時間を足した合計が終了時刻
  finish = Date.now() + second * 1000
}
```

タイマーを終了する時刻は、現在時刻 🖊 Date.now()と、テキスト入力エリアの値に1000を掛けてミリ秒にしたものの合計です。タイマーの終了時刻は変数finishに代入します。

! POINT

Date.now()とすると、現在時間のDateオブジェクトを取得できます。

タイマーの経過時間をチェックする

繰り返し時間をチェックするcheckRemainingTime関数の内容を記述します。この関数はstartTimer関数からsetIntervalで50ミリ秒(0.05秒)ごとに呼び出すようにします。

図15 **04/timer.js**

```
let intervalId

function startTimer() {
  ……中略……

  intervalId = setInterval(checkRemainingTime, 50)
}

function checkRemainingTime() {
  let remain = finish - Date.now()

  // 残り時間が0以下になったらタイマーを終了する
  if (remain <= 0) {
    stopTimer()
    alert("時間になりました")
  }
}
```

変数finishからDate.now()を引いた差 (残り時間) を変数remainに代入します。

変数remainが0以下になったときの処理として、通知とタイマーの終了関数stopTimerの呼び出しを追加します。stopTimer関数ではclearIntervalを呼び出してcheckRemainingTime関数が呼び

出されるのを停止します。

図17 04/timer.js

```
function stopTimer() {
  clearInterval(intervalId)
}
```

 POINT

「要素.addEventListener("click",
コールバック関数)」とすると、要素をク
リックしたときにコールバック関数を
実行できます。ユーザーがなんらかの
操作を行ったときの処理をイベント処
理といいますが、addEventListener()
はイベント処理を行う際に使用する命
令です。

スタートボタンとストップボタンを設定する

次にボタンをクリックしたときの動作を定義します。スタート
とストップの2つのボタンに ! 要素.addEventListener("click", コー
ルバック関数)を追加します。

図18 05/timer.js

```
let finish
let intervalId
let startButton = document.querySelector("#start-button")
startButton.addEventListener("click", startTimer)
let stopButton = document.querySelector("#stop-button")
stopButton.addEventListener("click", stopTimer)
……後略……
```

スタートボタンをクリックしたあと、テキスト入力に指定した
秒数が経過したらアラートが表示されるようになりました。

図19 **終了時刻にアラートが表示される**

タイマー残り時間の表示

このままでは残り時間がわからないので、残り時間を表示する
関数setDisplayを用意します。要素にテキストを設定するには「要
素.textContent = テキスト」を使います。textContentへ代入するこ
とで文字を更新できるようになります。ここでは残り時間を
secondという引数で受け取って、残り時間を更新しています。

stopTimer関数とcheckRemainingTime関数にも、関数の呼び

出しを記述します。残り時間はMath.floor(remain / 1000) + 1で求めます。この式は変数remainの単位がミリ秒なので、1000で割って秒数を求めて ! Math.floor関数で小数点以下を切り捨てます。このままだと残り時間より1秒短くなってしまうので、最後に + 1を加算しておきます。残り時間が0以下になったらstopTimer関数を呼び出し、clearInterval関数で関数の呼び出しを止め、setDisplay(0)とすることで、残り時間の表示をゼロにリセットします。

! POINT

Math.floor関数は、引数の小数点以下を切り捨てる働きを持ちます。四捨五入する時はMath.round関数、切り上げる時はMath.ceil関数を使います。

図19 06/timer.js

```javascript
function stopTimer() {
  clearInterval(intervalId)

  // 残り時間をリセットする
  setDisplay(0)
}

function checkRemainingTime() {
  let remain = finish - Date.now()

  // 残り時間を表示する
  let second = Math.floor(remain / 1000) + 1
  setDisplay(second)

  // 残り時間が0以下になったらタイマーを終了する
  if (remain <= 0) {
    stopTimer()
    alert(" 時間になりました ")
  }
}

function setDisplay(second) {
  let countDown = document.querySelector("#count-down")
  countDown.textContent = second
}
```

図20 残り時間の表示

ボタンの連続クリックを回避する

　今の状態ではスタートボタンを連続クリックするとタイマーが重複して動作できてしまうので、タイマーがスタートしたらボタンをクリックできないように「要素.disabled = true」を追加します。逆にストップボタンをクリックしたらスタートボタンがクリックできるようにする必要があるので「要素.disabled = false」を追加します。

図21　07/timer.js

```
……前略……

function startTimer() {
    ……中略……

  // スタートボタンを無効化する
  startButton.disabled = true
}

function stopTimer() {
  ……中略……

  // スタートボタンを有効化する
  startButton.disabled = false
}

……後略……
```

　以上でタイマーの完成です。コード全体は次のようになります。

図22　08/timer.js

```
let finish                    ……複数の関数で使用する変数を宣言
let intervalId
let startButton = document.querySelector("#start-button")    ……スタートボタンを取得
startButton.addEventListener("click", startTimer())  ……クリックされたら starTimer 関数を呼び出す
let stopButton = document.querySelector("#stop-button")    ……ストップボタンを取得
stopButton.addEventListener("click", stopTimer())    ……クリックされた stopTimer 関数を呼び出す

/**
 * タイマーを開始する
 */
function startTimer() {
  let second = document.querySelector("#time-input").value    ……フォームから入力された値を取得

  // スタートした時刻とタイマーの時間を足した合計が終了時刻
  finish = Date.now() + second * 1000
```

```
    intervalId = setInterval(checkRemainingTime, 50)    ……50ミリ秒ごとにcheckRemainingTime関数を呼び出し

    // スタートボタンを無効化する
    startButton.disabled = true
}


/**
 * タイマーを終了する
 */
function stopTimer() {
    clearInterval(intervalId)    ……checkRemainingTime関数の呼び出しを終了

    // 残り時間をリセットする
    setDisplay(0)

    // スタートボタンを有効化する
    startButton.disabled = false
}


/**
 * 残り時間をチェックする繰り返し
 */
function checkRemainingTime() {
  let remain = finish - Date.now()    ……startTimer関数で算出した終了時刻から現在時刻を引いて残り時間を算出

    // 残り時間を表示する
    let second = Math.floor(remain / 1000) + 1    ……残り時間を整数に換算
    setDisplay(second)    ……残り時間を表示する関数を呼び出し

    // 残り時間が0以下になったらタイマーを終了する
    if (remain <= 0) {
      stopTimer()    ……stopTimer関数を呼び出し
      alert("時間になりました")    ……「時間になりました」と表示
    }
}


/**
 * 残り時間を表示する
 */
function setDisplay(second) {
  let countDown = document.querySelector("#count-down")    ……残り時間を表示する箇所の要素を取得
  countDown.textContent = second    ……残り時間を表示
}
```

オブジェクトで複雑なデータを扱う

> **THEME テーマ** オブジェクトとはJavaScriptの中で最も基本的なものです。オブジェクトの特性と操作方法について学びましょう。

オブジェクトとは（連想配列）

あらかじめ組み込まれているオブジェクト以外にも、任意にオブジェクトを作成することができます。

オブジェクトには主に次のような特徴・機能があります。

- 1つのオブジェクトは複数のプロパティを持つことができます。
- 1つのプロパティはプロパティ名（キー）と値（バリュー）のペアとして関連付けられていて、プロパティ名を使って値にアクセスできます。
- プロパティの値には関数も指定することができます。これはメソッドと呼ばれます。
- プロパティの値には別オブジェクトを入れることができます。thisキーワードを使ってオブジェクト自身を参照することができます。

このような特徴から、1つのオブジェクトに関連する文字列や数値をまとめることができます。ここではシンプルなプロパティを組み合わせたオブジェクトを定義してみましょう。

空のオブジェクトを作成する

オブジェクトの作成方法にはいくつかの記述方法がありますが、まずは一般的な {}（波カッコ）と呼ばれる記号を使って作成しましょう。これはオブジェクトリテラル表記と呼ばれている方法です。

次のサンプルのように、変数myObjectに{}を代入することで、新しい空のオブジェクトが作成されます。

図1 script01.js

```
let myObject = {}

console.log(myObject)
```

図2 script01.jsの実行結果

リテラル記法は波カッコを使用するため、一見すると関数や条件文のときに出てきたものと似ていますが、異なるものなので区別するようしましょう。

図3 オブジェクトリテラル記法ではないもの

```
function myFunc() {
}

if (age >= 18) {
}                      これらの {} はオブジェクトとは別のものです

{
  // do something
}
```

オブジェクトにプロパティを設定する

オブジェクトを作成するときに、あらかじめ複数のプロパティを指定することができます。次の命令ではいくつかのプロパティが追加されたオブジェクトを作成しています。

図4 script02.js

```
let myThings = {
  sports: "サッカー",
  hobby: "テーブルトーク RPG",
  eat: "カレーライス"
}

console.log(myThings)
```

ブラウザで確認すると次のように表示されます。

図5 script02.jsの実行結果

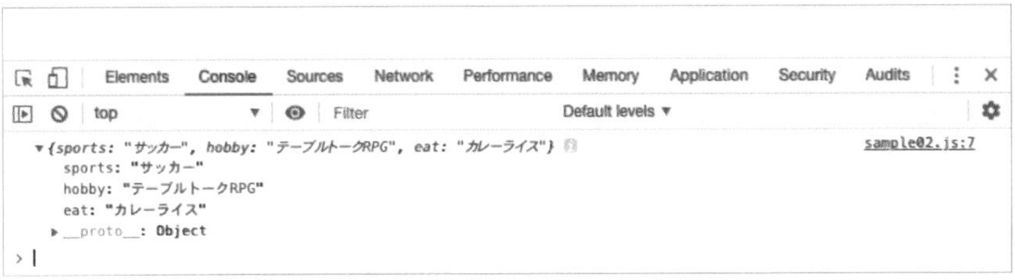

見落としがちな点ですが、プロパティと後続のプロパティの間には区切り文字として,（カンマ）が必要です。エラーが発生する場合には確認してみてください。

図6 カンマを忘れた例

```
// 値の後ろに ，（カンマ）が必須です
let myThings = {
  sports: "サッカー"
  hobby: "テーブルトーク RPG"
  eat: "カレーライス "
}
```

オブジェクトの値をブラウザに表示する

前回までに作成したオブジェクトは次の通りです。このオブジェクトのプロパティにアクセスして、ブラウザにオブジェクトの中身を表示してみましょう。

図7 sample03.js

```
let myThings = {
  sports: "サッカー ",
  hobby: "テーブルトーク RPG",
  food: "カレーライス "
}
```

プロパティの値を取得する

プロパティにアクセスする方法には2種類のアクセス方法が用意されています。それぞれドット表記法とブラケット表記法と呼ばれています。次のサンプルは表記の違いを表したものです。

図8 sample04.js

```
let myThings = {
  sports: "サッカー",
  hobby: "テーブルトーク RPG",
  food: "カレーライス"
}

// ドット表記
console.log(myThings.food)        ……カレーライスと表示
// ブラケット表記
console.log(myThings["food"])   ……カレーライスと表示
```

　ドット表記法は .（ドット）記号でプロパティにアクセスできる
のに対して、ブラケット表記法では []（ブラケットまたは角カッコ）
記号でプロパティ名を指定しています。

　ドット表記法は簡潔に記述することができるのでよく使われて
います。一方でブラケット表記法には、[] に変数の値や計算結果
などを渡せるというメリットがあります。次のコードでは文字列
の結合したものをプロパティ名として、ブラケット記法で指定し
ています。

図9 sample05.js

```
let foods = {
  japanese_food: "寿司",
  italian_food: "ピザ"
}

let suffix = "_food"
console.log(foods["japanese" + suffix])   ……寿司と表示
console.log(foods["italian" + suffix])    ……ピザと表示
```

　プロパティへアクセスした際にプロパティが存在しない場合に
は、undefined が返ってきます。undefined は未定義であることを
表しています。次のサンプルではプロパティが存在していないの
で undefined が表示されます。

図10 sample06.js

```
let foods = {
  japanese_food: "寿司",
  italian_food: "ピザ",
}
console.log(foods.mexican_food)   ……undefined を表示
```

ブラウザにプロパティの値を表示する

　<div id="root"></div> 要素の中にオブジェクトの内容を表示してみましょう。はじめに、次の内容のHTMLファイルを用意します。HTMLにはオブジェクトの内容を出力するための<div id="root"></div> を記述しています。

図11 sample07.html

```html
<!DOCTYPE html>
<html lang="ja">
<head>
  <meta charset="UTF-8">
  <title>title</title>
</head>
<body>
  <div id="root"></div>
  <script src="sample05.js"></script>
</body>
</html>
```

　sample07.js ファイルを用意してHTMLから読み込みます。ファイルには次のオブジェクトを記述しておきます。

図12 sample07.js

```js
let myThings = {
  sports: "サッカー",
  hobby: "テーブルトーク RPG",
  food: "カレーライス"
}
```

　document.querySelector メソッドを使って、HTMLに記述したdiv要素を取得するコードを追加します。このメソッドはHTML上にある特定の要素を取得するメソッドです。引数にHTMLのdiv要素へのセレクタ#rootを渡します。

　続けてオブジェクトの各プロパティへアクセスした結果からHTML文字列を組み立てます。ブラウザへ表示する簡単な方法として innerHTML プロパティへHTMLの文字列を代入します。

POINT

P.89で出てきた要素.textContentは文字を挿入する際に使用します。要素.innerHTMLの場合はHTMLを挿入するという違いがあります。

図13 sample07.js

```js
let div = document.querySelector("#root")

div.innerHTML = "好きなスポーツ:" + myThings.sports + "<br />" +
                "好きな遊び:" + myThings.hobby + "<br />" +
                "好きな食べ物:" + myThings.food
```

97

ブラウザでHTMLを表示してみましょう。次のように表示されます。

図14 sample07.jsの実行結果

オブジェクトの文字を変更してみる

オブジェクトのプロパティを変更する場合も、アクセスしたときと同様にドット表記法とブラケット表記法を使います。次のサンプルではドット表記法を使ってプロパティの文字列を変更しています。

図15 sample08.js

```
let myThings = {
  food: "寿司"
}

console.log(myThings.food)    ……寿司と表示

myThings.food = "ピザ"        ……"寿司" から "ピザ" へ文字列を上書き変更する

console.log(myThings.food)    ……ピザと表示
```

図16 sample08.jsの実行結果

オブジェクトにプロパティを追加してみる

オブジェクトにあとから任意のプロパティを追加することもできます。追加方法は、すでにあるプロパティの値を変更するときと同じです。すでにオブジェクトにあるプロパティ名を指定した場合は、追加したプロパティで上書きされてしまうので注意してください。

次のコードに記述されているオブジェクトにプロパティを追加しましょう。

図17 sample09.js

```
let myThings = {
  sports: "サッカー",
  hobby: "テーブルトーク RPG",
  food: "カレーライス"
}

myThings.tea = "グリーンティー"

console.log(myThings)
```

図18 sample09.jsの実行結果

オブジェクトのキーだけを抽出する

オブジェクトのプロパティをそれぞれ個別に追加・変更・参照する方法について解説しましたが、オブジェクトのプロパティすべてを参照してみましょう。

オブジェクトのプロパティ名を取得する

すべてのプロパティにアクセスする場合は、Object.keys メソッドを使います。このメソッドは JavaScript の**グローバルオブジェクト** Object にあらかじめ定義されているメソッドです。引数とし

WORD　グローバルオブジェクト

グローバルオブジェクトとは、JavaScriptでどこでも使用できるように組み込まれているオブジェクトです。Dateなどのようにnew演算子を使用してオブジェクトを生成しなくても利用できます。

99

て渡したオブジェクトのプロパティ名を配列として取得すること
ができます。

またObject.keysメソッドには次の制限があります。

● 戻り値であるプロパティ名の順番は保証されません
● 取得できるプロパティは列挙可能になっているものが対象です

列挙可能なプロパティとは、これまでのようにオブジェクトを
オブジェクトリテラル表記で初期化した場合や、プロパティを代
入・追加する操作を行った場合に作られるものです。列挙不可の
プロパティは、後述するObject.defineProperty関数やObject.define
Properties関数を使ってプロパティの属性を指定して作成します。

それではObject.keysメソッドを使ってプロパティ名を取得しま
しょう。

次のサンプルではObject.keysが3つの要素を持つ配列を表示し
ます。Object.keysメソッドには引数として1つのオブジェクトを
渡しています。

memo

オブジェクトは配列と違って順番の
概念がありません。順番が必要な場合
には配列やMapオブジェクト
（InternetExplorer11では一部の機能
が未実装）を使うことで表現できます。
Mapオブジェクトについてはmozilla.
orgで公開されているドキュメントから
標準ビルトインオブジェクト > Mapを
参考にしてみてください。

https://developer.mozilla.org/ja/
docs/Web/JavaScript/Reference/
Global_Objects/Map

図19 sample10.js

```
let myThings = {
  sports: "サッカー",
  hobby: "テーブルトークRPG",
  food: "カレーライス"
}

console.log(Objecl.keys(myThings))  ……["sports", "hobby", "food"] と表示
```

Object.keysの返り値が、プロパティ名の["sports", "hobby",
"food"]となっていることが確認できます。

Object.keys を使ってプロパティを表示する

次に返り値の配列を使ってプロパティを取得してみましょう。
Object.keysの返り値は配列なので、配列を操作するメソッドを.で
直接つなげて使うことができます◯。

次のサンプルではforEachメソッドをつなげて、プロパティ名
をコールバック関数の引数keyに割り当てます。

42ページ **Lesson1-06**参照。

図20　sample11.js

```
let myThings = {
  sports: "サッカー",
  hobby: "テーブルトークRPG",
  food: "カレーライス"
}

Object.keys(myThings).forEach(function (key) {
  console.log(key)
})
```

図21　sample11.jsの実行結果

このように返り値の配列から配列のメソッドへつなぐことがで
きます。

次にコールバック関数の中で、元のオブジェクトからプロパ
ティを参照するように変更します。

ループするときのコールバック関数の引数keyは固定ではない
ので、オブジェクトのプロパティを取得する場合には[]を使って
アクセスするようにします。

図22　sample12.js

```
let myThings = {
  sports: "サッカー",
  hobby: "テーブルトークRPG",
  eat: "カレーライス"
}

Object.keys(myThings).forEach(function (key) {
  console.log(key, "プロパティは", myThings[key], "です")
})
```

図23　sample12.jsの実行結果

![sample12.js実行結果のコンソール画面]

```
sports プロパティは サッカー です          sample12.js:8
hobby プロパティは テーブルトークRPG です    sample12.js:8
eat プロパティは カレーライス です          sample12.js:8
>
```

プロパティの属性を設定する

　他にもプロパティに対して個別に属性を指定することができます。ここではプロパティの追加にObject.defineProperty関数・Object.defineProperties関数を使って属性を設定してみましょう。

　プロパティには3種類の属性configurable・enumerable・writableがあります。属性の働きは次の表のようになっています。

図24　プロパティの属性

属性	働き	設定できる値	既定値
configurable	属性の変更を可能にする場合には true を指定します。	true or false	false
enumerable	プロパティの列挙可能性を切り替えることができ true の場合に列挙されます。	true or false	false
writable	true が指定された場合にプロパティに値を代入することで変更ができます。	true or false	false

　次の書式でプロパティの追加と属性を指定します。

図25　Object.definePropertyとObject.definePropertiesの書式

```
let オブジェクト = {}

Object.defineProperty( オブジェクト , プロパティ名 {
  configurable: 真偽値 ,
  enumerable: 真偽値 ,
  writable: 真偽値 ,
  value: プロパティ値
})

Object.defineProperties( オブジェクト , {
  プロパティ名: {
    configurable: 真偽値 ,
    enumerable: 真偽値 ,
    writable: 真偽値 ,
    value: プロパティ値
  },
  プロパティ名: {
    // 省略
  }
  // ... 複数のプロパティを続けて指定します
})
```

　実際に属性が動作しているか確認してみましょう。

図26 sample13.js

```javascript
let myThings = {}

Object.defineProperties(myThings, {
  sports: {
    enumerable: true,
    writable: true,
    value: "サッカー"
  },
  food: {
    enumerable: false,
    writable: false,
    value: "カレーライス"
  }
})

// enumerable 属性
console.log(Object.keys(myThings))   ……['sports'] を表示

// writable 属性
myThings.sports = "ラグビー"
console.log(myThings.sports)   ……ラグビーと表示

myThings.food = "寿司"          ……writable に false が指定された場合は代入は無効になる
console.log(myThings.food)   ……カレーライスと表示
```

図27 sample13.jsの実行結果

　次は配列とオブジェクトを組み合わせて、特定の条件にマッチ
したオブジェクトを抜き出したり計算したりしてみましょう。

103

配列とオブジェクトを組み合わせて複雑なデータを扱う

THEME テーマ

Lesson 1で解説した配列とオブジェクトを組み合わせることで配列からオブジェクトを作ったり拡張したりすることができます。データを扱うパターンを学びましょう。

配列内のオブジェクトの文字を表示する

配列とオブジェクトを組み合わせたパターンは、外部のWebサービスとの連携(データ取得と送信)によく使われます。

それではfor文を使ってオブジェクトを操作してみましょう。配列には文字列や数値の他にもオブジェクトを入れることができます。組み合わせの例として生徒のテストの結果を1つのオブジェクトで表した上で、クラスの生徒のデータを参照してみましょう。

for文を使ってオブジェクトを繰り返し操作する場合には、あらかじめ定型化されたオブジェクトを入れるように決めておくこと大切です。

サンプルでは次の形式のオブジェクトを複製して配列のデータを作成します。

オブジェクトには name、language、maths、science の4つプロパティに文字列と数値が入っています。

図1 サンプルで扱うオブジェクト

```
{
  name: 文字列 ,
  language: 数値 ,
  maths: 数値 ,
  science: 数値
}
```

次にこのオブジェクトを複製し、配列を定義しましょう。文字列や数値の配列の場合と同じように、オブジェクトの場合も区切り文字の,(カンマ)を忘れないようにしてください。

図2 sample01.js

```
let students = [
  {
    name: "Taro",
    language: 84,
    maths: 62,
    science: 50
  },
  {
    name: "Kenji",
    language: 54,
    maths: 70,
    science: 62
  },
  {
    name: "Haruna",
    language: 90,
    maths: 80,
    science: 70
  }
]
```

memo
オブジェクトの配列となっているため[{～}, {～}, {～}]と、全体を[ ]でくくっています。

次のコードはカンマがないためエラーになります。

図3 カンマがない場合

```
let students = [
  {
    name: "Taro"
  } // ここにカンマが必要です。カンマがない場合にはエラーが発生します。
  {
    name: "Kenji"
  },
  {
    name: "Haruna"
  }
]
```

　それではfor文を使ってオブジェクトの内容を表示させてみましょう。for文の構文では、変数 i を使って配列からオブジェクトを1つずつ取り出します🔽。

43ページ **Lesson1-06**参照。

図4 sample01.js

```
let students = [
  ……中略……
]
```

```
for (let i = 0; i < students.length; i++) {
  let student = students[i]

  console.log(
    "生徒の名前は " +
    student.name +
    " さんです "
  )
}
```

図5 sample01.jsの実行結果

let student = students[i] でオブジェクトを変数に取得したあと、オブジェクトの操作を行います。

forEachメソッドでオブジェクトの内容を表示する

for文を配列のforEachメソッド⊕へ置き換えることができます。for文では students[i] のようにインデックスで指定する必要がありましたが、forEachメソッドの場合にはループごとにオブジェクトが割り当てられます。

46ページ　**Lesson1-06**参照。

図6 forEachメソッドで配列内のオブジェクトを利用する例

```
students.forEach(function (student) {
  student // 1回目は Taro のオブジェクト
          // 2回目は Kenji のオブジェクト
          // 3回目は Haruna のオブジェクト
})
```

forEachメソッドへ置き換えた場合のコードは次のようになります。

図7 sample02.js

```javascript
let students = [
  // 省略
]

students.forEach(function (student) {
  console.log(
    "生徒の名前は" +
    student.name +
    "さんです"
  )
})
```

他のプロパティも合わせて表示してみましょう。

図8 sample03.js

```javascript
let students = [
  // 省略
]

students.forEach(function (student) {
  let total = student.language +
              student.maths +
              student.science

  console.log(
    "生徒の名前は" +
    student.name +
    "さんです"
  )
  console.log(
    "合計点数は" +
    total +
    "点です"
  )
})
```

図9 sample03.jsの実行結果

定型化されたオブジェクトを配列に格納しているので、簡潔に

記述することができました。次は配列のfilterメソッドを使って任意の条件にマッチするオブジェクトを操作してみましょう。

条件にマッチするオブジェクトのみを表示

配列の中から任意の条件にマッチしたオブジェクトを抜き出して表示してみましょう。次のサンプルではオブジェクトのプロパティの数値を比較して、languageが80以上のオブジェクトだけがフィルタリングされるようにしています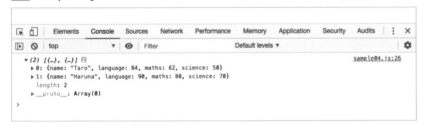。

53ページ　**Lesson1-06**参照。

図10 sample04.js

```
let students = [
    ……中略……
]

let pass = students.filter(function (student) {
  return student.language >= 80
})

console.log(pass)
```

図11 sample04.jsの実行結果

```
▶ ⬆ | Elements  Console  Sources  Network  Performance  Memory  Application  Security  Audits  ⋮  ✕
▶ ⊘ | top              ▼ | ⊙ | Filter                    Default levels ▼                              ⚙
▼ (2) [{…}, {…}] 🔢                                                                    sample04.js:26
  ▶ 0: {name: "Taro", language: 84, maths: 62, science: 50}
  ▶ 1: {name: "Haruna", language: 90, maths: 80, science: 70}
    length: 2
  ▶ __proto__: Array(0)
>
```

元の配列とは違う状態の配列を作る

次は配列のmapメソッドを使ってオブジェクトから別のオブジェクトを作りましょう。配列のmapメソッド◯を使い、返り値が新しいオブジェクトになるように記述します。

55ページ　**Lesson1-06**参照。

図12 mapメソッドの利用イメージ

```
配列 .map(function ( オブジェクト ) {
  return {
    // 新しいオブジェクトのプロパティ
  }
})
```

コールバック関数の返り値が新しいオブジェクトになるため、return { }のような形になります。文字列からオブジェクトを作る簡単なサンプルを次に示します。

図13　sample05.js

```
let smoothies = ["グリーン", "オレンジ", "ベリー"].map(function (name) {
  return {
    name: name + "スムージー",
    price: 360
  }
})


console.log(smoothies)
```

図14　sample05.jsの実行結果

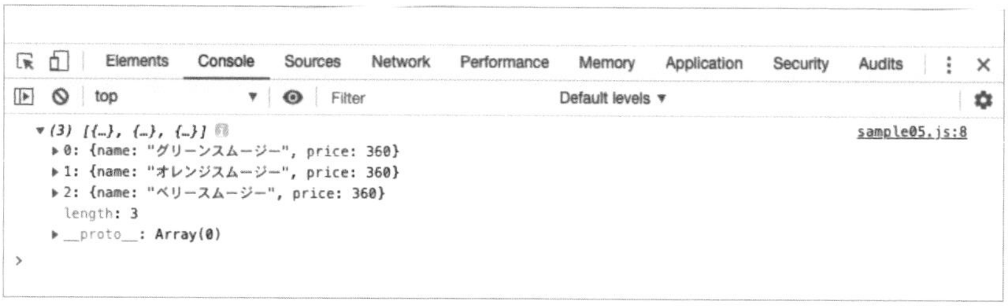

　mapメソッドによって次のコードのオブジェクトが作成されます。

図15　作成されたオブジェクト

```
[
  {
    name: "グリーンスムージー",
    price: 360
  },
  {
    name: "オレンジスムージー",
    price: 360
  },
  {
    name: "ベリースムージー",
    price: 360
  }
]
```

　mapとfilterとforEachの3つの配列メソッドを組み合わせてみましょう。
　ここでは次の流れで組み合わせてみます。

1. mapメソッドを使ってtotalプロパティが含まれたオブジェクトを新しく作ります
2. totalプロパティの数値を条件にしてfilterメソッドでフィルタリングします
3. forEachメソッドで結果を表示します

　まずはmapメソッドを使い、数値のtotalを含むオブジェクトを返すようにします。このコールバック関数の機能はtotalを計算することです。

図16 sample06.js

```javascript
let students = [
  ……中略……
]

students
  .map(function (student) {
    let total = student.language +
                student.maths +
                student.science
    return {
      name: student.name,
      total: total
    }
  })
```

　次にfilterメソッドを用意します。プロパティtotalが特定の数値以上の場合にだけオブジェクトが通過するようにします。

図17 sample06.js

```javascript
let students = [
  ……中略……
]

students
  .map(function (student) {
    ……中略……
  })
  .filter(function (student) {
    return student.total >= 190     ……合計190点以上を合格にする
  })
```

　仕上げにマッチしたオブジェクトを表示するコールバック関数を追加します。

図18 sample06.js

```javascript
let students = [
  ……中略……
]

students
  .map(function (student) {
    ……中略……
  })
  .filter(function (student) {
    ……中略……
  })
  .forEach(function (student) {
    console.log(
      student.name +
      " さんの合計点数は " +
      student.total +
      " 点です "
    )
  })
```

図19 sample06.jsの実行結果

🔲 🗖	Elements	Console	Sources	Network	Performance	Memory	Application	Security	Audits	⋮ ✕
▶ ⊘	top ▼	⊙	Filter		Default levels ▼					⚙

Taroさんの合計点数は196点です　　　　　　　　　　　sample06.js:36
Harunaさんの合計点数は240点です　　　　　　　　　　sample06.js:36
>

配列にオブジェクトを追加する

　最後にオブジェクトを配列に追加してみましょう。配列に追加するにはpushメソッドを使います。pushメソッドの引数にオブジェクトを記述します。

47ページ　**Lesson1-06**参照。

図20 sample07.js

```javascript
let students = []

students.push({
  name: "Taro",
  language: 84,
  maths: 62,
  science: 50
})

console.log(students)
```

またpushメソッドの返り値は配列の要素数なので、つなげることはできません。複数の配列を追加する場合には配列のconcatメソッドを使います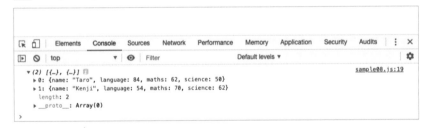。concatメソッドを使う場合には配列を引数にします。

55ページ　**Lesson1-06**参照。

図21 sample08.js

```js
let students = [
  {
    name: "Taro",
    language: 84,
    maths: 62,
    science: 50
  }
]

students = students.concat([
  {
    name: "Kenji",
    language: 54,
    maths: 70,
    science: 62
  }
])

console.log(students)
```

図22 sample08.jsの実行結果

これで、配列とオブジェクトを組み合わせて操作するさまざまなパターンを解説しました。いずれもWebサービスとの連携で非常によく使うため、ひと通り覚えておいてください。

Lesson 3

Todoアプリを
作ってみよう

これまで学んだ知識を応用しながら、ブラウザ上で動作するTodoアプリを作っていきます。TodoアプリにはWebアプリケーションの制作によく使用される機能が詰まっていますので、JavaScriptのプログラミングの流れをひととおり体験できます。

基本 > アプリ制作 > Vue.js >

Lesson 3 01

Todoアプリの概要

THEME テーマ　Todoアプリケーションの全容を把握しましょう。完成版のアプリケーションを動作させて実際にTodoを登録してみましょう。

Todoアプリを作ってみよう

この章では、前章まで学んだ JavaScript を利用して Todo アプリを作ってみます。

Todo アプリとは、「牛乳を買う」「たまごを買う」などのタスクを登録し、タスクを実行したら完了処理を行うなどして、タスクの状況を一覧できるアプリです。Todo アプリは JavaScript で作る Web アプリの基本機能がおおよそ網羅されています。アプリの基本機能とは、「生成（Create）」「読み取り（Read）」「更新（Update）」「削除（Delete）」の4機能のことを指します。英語の頭文字をとって CRUD（クラッド）と呼ばれることがあります。

今回作成するTodoアプリを CRUD の原則に当てはめて検討してみると、次の4つの機能を実装すればアプリとしての基本的な機能が満たされそうです。

1. Todo を作る（Create）
2. Todo 一覧を見る（Read）
3. 作った Todo を完了（編集）する（Update）
4. 作った Todo を削除する（Delete）

完成版のサンプルを確認する

まずは動作イメージをつかむために、完成版のファイル構成を見てみましょう。なお、本書のダウンロードデータについては P.8 をご覧ください。

図1 Todoアプリのファイル構成

```
▼ 📁 css
      📄 normalize.css
      📄 style.css
▼ 📁 js
      📄 script.js
   📄 index.html
```

　サンプルファイルのHTMLやCSSのファイルを見ていきましょう。

図2 index.html

```html
<!DOCTYPE html>
<html lang="ja">
  <head>
    <meta charset="UTF-8" />
    <title>Todo</title>
    <link rel="stylesheet" href="css/normalize.css" />
    <link rel="stylesheet" href="css/style.css" />
  </head>
  <body>
    <div id="wrapper">
      <h1>My Todo</h1>
      <!-- タブ Begin -->
      <div id="tab">
        <div class="tab-list">
          <button data-target="inbox"> インボックス </button>
        </div>
        <div class="tab-list">
          <button data-target="done"> 完了したタスク </button>
        </div>
        <div class="tab-list">
          <select id="sort-menu">
            <option value="created-desc">登録日↓</option>
            <option value="created-asc">登録日↑</option>
            <option value="priority-desc">優先度↓</option>
            <option value="priority-asc">優先度↑</option>
          </select>
        </div>
      </div>
      <!-- タブ End -->
      <!-- Todo リスト Begin -->
      <table id="todo-table">
        <thead>
          <tr>
```

Todo リストの表示切り替えタブ

Todo リストの表示テーブル

115

```
            <th></th>
            <th>Todo</th>
            <th> 登録日 </th>
            <th> 優先度 </th>
            <th></th>
            <th></th>
          </tr>
        </thead>
        <tbody id="todo-main">
          <tr></tr>
        </tbody>
      </table>
      <!-- Todo リスト End -->
      <!-- Todo 入力フォーム Begin -->
      <form id="input-form">
        <div class="input-text">
          <label for="input-text">Todo</label>
          <input
            type="text"
            id="input-text"
            name="todo-text"
            placeholder=" 牛乳を買う "
          />
        </div>
        <div class="submit">
          <button type="submit"> 登録 </button>
        </div>
      </form>
      <!-- Todo 入力フォーム End -->
    </div>
    <script src="js/script.js"></script>    ……JavaScript へのリンク
  </body>
</html>
```

Todo の登録フォーム

　枠となるパーツをHTMLとしてあらかじめ用意しておいて、td
タグなどはJavaScriptを使って書き込んでいくイメージです。
HTMLのクラス名はCSSとJavaScriptの両方から参照しますが、
id名は基本的にはJavaScriptからのみ参照します。idはHTMLの
中で1つしか定義できないので、JavaScriptでHTMLを参照する
のもクラスより高速です。

　cssフォルダ内に2つのCSSファイルが入っています。
normalize.cssは、ブラウザのスタイルを初期化してくれるライブ
ラリです。内容は割愛しますが、次のURLからダウンロードでき
ます。

　https://necolas.github.io/normalize.css/

図3 normalize.css

```
// 省略
```

　style.css が Todo アプリ用の CSS です。CSS は見た目を定義するものであり、JavaScript の挙動には関係がないため、説明は割愛します。

図4 css/style.css

```
* {
  box-sizing: border-box;
}

body {
  font-family: sans-serif;
  font-size: 13px;
  line-height: 1.5;
}

#wrapper {
  width: 960px;
  margin: 30px auto;
  min-height: 300px;
}
```
　　　　　　　　　　　　　ページ全体のレイアウト

```
#tab {
  margin-bottom: 15px;
  display: flex;
}

#tab .tab-list {
  margin-right: 15px;
}
```
　　　　　　　　　　　　　タブ部分のレイアウト

```
#todo-table {
  width: 100%;
  border-collapse: collapse;
}

#todo-table th {
  text-align: center;
}

#todo-table th,
#todo-table td {
  border: 1px solid #ccc;
  padding: 10px;
```
　　　　　　　　　　　　　Todo リストのテーブルの指定

```css
}

.cell-edit-button {
  width: 10%;
  text-align: center;
}

.cell-text {
  width: 30%;
}

.cell-created-at {
  width: 15%;
  text-align: center;
}

.cell-priority {
  width: 10%;
  text-align: center;
}

.cell-limit-at {
  width: 15%;
  text-align: center;
}

.cell-done {
  width: 10%;
  text-align: center;
}

#input-form {
  display: flex;
  align-items: center;
  padding: 15px;
  background: #eee;
  margin-top: 50px;
}

#input-form label {
  display: block;
  margin-bottom: 5px;
}

#input-form .input-text {
  width: 60%;
}
```

Todo の入力フォームの指定

```
#input-form .input-date {
  width: 30%;
}

#input-form .input-text,
#input-form .input-date {
  padding: 5px;
}

#input-form .input-text input,
#input-form .input-date input {
  width: 100%;
  padding: 10px;
}

#input-form .submit {
  padding: 5px;
  position: relative;
  top: 8px;
  font-size: 16px;
}
```

　最後にJavaScriptのファイルを確認します。jsフォルダの中に
入っています。あとで詳しく解説していきますので、ここではざっ
と眺めていただくだけでかまいません。

図5 js/script.js

```
const todoList = []
let inputForm, todoMain, tabButton, sortMenu
let displayTarget = "inbox"
let sortIndex = "created-desc"

/** Todo1個単位のHTML文字列を生成する */
function createTodoHtmlString(todo) {
  let htmlString = ""
  const editType = todo.isEdit ? "editFixed" : "edit"
  const editButtonLabel = todo.isEdit ? "編集完了" : "編集"
  const doneType = todo.isDone ? "inbox" : "done"
  const doneButtonLabel = todo.isDone ? "未完了" : "完了"
  let todoTextCell, priorityCell
  if (todo.isEdit) {
    todoTextCell =
      '<td class="cell-text"><input class="input-edit" type="text" value=' +
      todo.text +
      " /></td>"
    priorityCell =
```

```
        '<td class="cell-priority"><input class="input-priority" type="number" value=' +
        todo.priority +
        " /></td>"
  } else {
    todoTextCell = '<td class="cell-text">' + todo.text + "</td>"
    priorityCell = '<td class="cell-priority">' + todo.priority + "</td>"
  }
  htmlString += '<tr id="' + todo.id + '">'
  htmlString +=
    '<td class="cell-edit-button"><button data-type="' +
    editType +
    '">' +
    editButtonLabel +
    "</button></td>"
  htmlString += todoTextCell
  htmlString += '<td class="cell-created-at">' + todo.createdAt + "</td>"
  htmlString += priorityCell
  htmlString += '<td class="cell-done">'
  htmlString += '<button data-type="' + doneType + '">'
  htmlString += doneButtonLabel
  htmlString += "</button></td>"
  htmlString += "</td>"
  htmlString += '<td class="cell-delete">'
  htmlString += '<button data-type="delete">'
  htmlString += ' 削除 '
  htmlString += "</button></td>"
  htmlString += "</tr>"
  return htmlString
}


/** todo の完了ステートの変更 */
function updateTodoState(todo, type) {
  todo.isDone = type === "done"
  updateTodoList()
}


/** ソート関数 */
function sortTodos(a, b) {
  switch (sortIndex) {
    case "created-desc":
      return Date.parse(b.createdAt) - Date.parse(a.createdAt)
    case "created-asc":
      return Date.parse(a.createdAt) - Date.parse(b.createdAt)
    case "priority-desc":
      return b.priority - a.priority
    case "priority-asc":
      return a.priority - b.priority
    default:
```

```
      return todoList
  }
}

/** 編集モード */
function editTodo(todo, type) {
  todo.isEdit = type === "edit"
  updateTodoList()
}

/** todo を削除 */
function deleteTodo(todo) {
  // 対象の Todo オブジェクトの配列内のインデックスを調べる
  const index = todoList.findIndex((t) => t.id === todo.id)
  // 配列から削除する
  todoList.splice(index, 1)
}

/** TodoList の描画を更新する */
function updateTodoList() {
  let htmlStrings = ""
  // HTML を書き換える
  todoList
    .filter(todo => todo.isDone !== (displayTarget === "inbox"))
    .sort(sortTodos)
    .forEach(todo => {
      // 新しい HTML を出力
      htmlStrings += createTodoHtmlString(todo)
      todoMain.innerHTML = htmlStrings
    })
  todoMain.innerHTML = htmlStrings
  // 書き換えた HTML にイベントをバインドする
  todoList
    .filter(todo => todo.isDone !== (displayTarget === "inbox"))
    .forEach(todo => {
      const todoEl = document.getElementById(todo.id)
      if (todoEl) {
        todoEl.querySelectorAll("button").forEach(btn => {
          const type = btn.dataset.type
          btn.addEventListener("click", event => {
            if (type.indexOf("edit") >= 0) {
              editTodo(todo, type)
            } else if (type.indexOf("delete") >= 0) {
              deleteTodo(todo)
              updateTodoState(todo, type)
            } else {
              updateTodoState(todo, type)
            }
```

```
        })
      })
      // 編集状態の場合はテキストフィールドにもイベントをバインドする
      if (todo.isEdit) {
        todoEl.querySelector(".input-edit").addEventListener("input", event => {
          todo.text = event.currentTarget.value
        })
        todoEl
          .querySelector(".input-priority")
          .addEventListener("input", event => {
            todo.priority = parseInt(event.currentTarget.value, 10)
          })
      }
    }
  })
}


/** フォームをクリアする */
function clearInputForm() {
  inputForm["input-text"].value = ""
}


/** todoList を追加する */
function addTodo(todoObj) {
  todoObj.id = "todo-" + (todoList.length + 1)
  todoObj.createdAt = new Date().toLocaleString()
  todoObj.priority = 3
  todoObj.isDone = false
  todoObj.isEdit = false
  todoList.unshift(todoObj)
  updateTodoList()
  clearInputForm()
}


/** Todo を登録する処理 */
function handleSubmit(event) {
  event.preventDefault()
  const todoObj = {
    text: inputForm["input-text"].value
  }
  addTodo(todoObj)
}


/** インボックス / 完了済みの切り分け */
function handleTabClick(event) {
  const me = event.currentTarget
  displayTarget = me.dataset.target
  updateTodoList()
```

```
}

/** ソートの実行 */
function handleSort(e) {
  sortIndex = e.currentTarget.value
  updateTodoList()
}

/** DOM を変数に登録する */
function registerDOM() {
  inputForm = document.querySelector("#input-form")
  todoMain = document.querySelector("#todo-main")
  tabButton = document.querySelector("#tab").querySelectorAll("button")
  sortMenu = document.querySelector("#sort-menu")
}

/** DOM にイベントを設定する */
function bindEvents() {
  inputForm.addEventListener("submit", event => handleSubmit(event))
  tabButton.forEach(tab => {
    tab.addEventListener("click", event => handleTabClick(event))
  })
  sortMenu.addEventListener("change", event => handleSort(event))
}

/** 初期化 */
function initialize() {
  registerDOM()
  bindEvents()
  updateTodoList()
}

document.addEventListener("DOMContentLoaded", initialize.bind(this))
```

　HTMLファイルを開いて、デザインを確認してみましょう。完成版のサンプルのHTMLをダブルクリックしてブラウザで開いてください（Google Chromeを推奨します）。すると次のようなデザインが確認できるかと思います。

図6 Todoアプリの完成イメージ

実際にタスクを登録して、完了をしてみましょう。また、完了したタスクの一覧も確認できるはずです。ここで実装してある機能について以後のセクションで順に解説していきます。

図7 タスクを登録

なお、ブラウザをリロードすると登録したタスクが消えてしまいます。リロードしても消えないようにするには、サーバー側のプログラムを実装するか、JavaScriptのみで実装する場合はブラウザのローカルストレージを利用する方法などがあります。初心者の方にはすこし難しい内容になるので、ここではそれらの機能は付けていません。

以降のセクションを進めるために

以降のセクションではscript.jsの内容を解説していきますが、実際にJavaScriptを書きながら学習したい場合は、ダウンロードしたサンプルファイルのHTMLやCSSファイルをコピーし、script.jsのみを新規作成してください。フォルダ構成もサンプルファイルとまったく同じにしておきましょう。

Lesson 3
02

Todoを作って表示する（Create/Read）

THEME
テーマ
Todoを作って登録し、一覧表示するまでを実際に手を動かして作ってみましょう。CRUDのCreateとReadにあたる部分です。

Todoアプリのデータ構造を検討する

まずはTodoを作るところから始めましょう。次のようなオブジェクト⊕のかたまりが1つのTodoになります。

72ページ **Lesson2-01**参照。

図1 Todoのオブジェクト

パラメータ名	内容
id	このTodoを特定するユニークID（文字列）
createdAt	このTodoの作成日
priority	このTodoの優先度
isDone	このTodoが完了したかしてないかのフラグ
isEdit	このTodoが編集中かどうかのフラグ
text	このTodoの内容

実際にJavaScriptのオブジェクトにするとこうなります。

WORD フラグ

フラグとは、プログラムの中でなんらかの状態がオンかオフかを判定するために作成する変数です。たとえば表中のisDoneであれば、完了していないTodoには「false」、完了しているTodoには「true」を設定することで、isDone変数の内容を見れば完了状態がわかるようになります。

図2 Todoのオブジェクト

```
{
  id: "todo-1",
  createdAt: "2020/1/6 19:03:51",
  text: "牛乳を買う",
  priority: 3,
  isDone: false,
  isEdit: false
}
```

このオブジェクトが1つのTodoになります。そして、このオブジェクトを配列に保存していけば、Todo一覧を表示することがで

きそうです。配列に保存すると次のようになります。

図3 配列に保存したTodoオブジェクトのイメージ

```
[
  {
    id: "todo-1",
    createdAt: "2020/1/6 19:03:51",
    text: "牛乳を買う",
    ……中略……
  },
  {
    id: "todo-2",
    createdAt: "2020/1/7 19:03:51",
    text: "みかんを買う",
    ……中略……
  },
  ……中略……
]
```

フォームに入力された値からTodoオブジェクトを作成し配列に保存します。おおよそのデータフローは下記のようになります。

図4 Todoアプリのデータフロー

一覧ページは配列をHTMLに描画するだけです。

扱うDOM要素を変数に登録する

JavaScriptから扱うDOM要素をあらかじめ変数に定義しておきましょう。js/script.jsファイルの最初に、DOM要素用の変数を宣言します。

図5 script.js

```
let inputForm, todoMain, tabButton, sortMenu
```

関数の外に変数宣言することによって、どの関数からも定義した変数を呼び出すことが可能になります。これをグローバル変数と呼びます⚫。

この変数にDOMを登録する関数を作成しましょう。

WORD DOM

DOMは「Document Object Model」の略で、JavaScriptなどからHTMLの要素などをオブジェクトとして扱うための仕組みのこと。JavaScriptの操作対象とするためには、document.querySelector()などを利用して、HTML要素をオブジェクト化する必要があります。

67ページ **Lesson1-07**参照。

図6　script.js

```
/** DOM を変数に登録する */
function registerDOM() {
  inputForm = document.querySelector("#input-form")
  todoMain = document.querySelector("#todo-main")
  tabButton = document.querySelector("#tab").querySelectorAll("button")
  sortMenu = document.querySelector("#sort-menu")
}
```

　document.querySelector("#HTMLのID名")という文法でHTML要素を取得できます。HTMLパーツをJavaScriptの世界に呼び寄せて使うイメージです。取り込んだあとのinputFormやtodoMainのことをDOMと呼びます。複数のHTML要素は、document.querySelectorAllメソッドで取得します。ID名と異なり、クラス名は複数存在する場合があります。document.querySelectorAllで取得した要素は配列のような扱いになりますので、forEachなどを利用することができます。

ページを開いたときに関数を実行する

　関数は作っただけでは動きません。実行する必要があります。今回は、ページを開いたタイミングで関数を実行したいので次のように呼び出します。

memo
　document.addEventListener()とすると、特定の要素ではなく、HTMLドキュメントに対してイベント処理を設定できます。

図7　script.js

```
/** 初期化 */
function initialize() {
  registerDOM()
}

document.addEventListener("DOMContentLoaded", initialize.bind(this))
```

　DOMContentLoadedイベントは、ブラウザがページの解析を完了した段階で一度だけ発火するイベントです。似たようなイベントにwindow.onloadがあります。こちらはページで使う画像などをすべてロードし終わったあとに発火するイベントで、DOMContentLoadedよりあとに発火します。今回の用途としては、ページに画像要素がないのでDOMContentLoadedが適切でしょう。
　また、初期化はDOMの登録以外の処理もありますので、initialize関数を用意して、その中でregisterDOM関数を実行しました。細かく関数を分割して、見通しをよくしていきます。

memo
　, initialize.bind(this)の部分は、, () => { initilalize() }と同じ意味です（この書き方については次ページ参照）。ドキュメントのDOM要素が登録された後にinitialize関数が実行されます。

127

ひとまずこれでDOM要素が変数に登録できました。

ブラウザのイベントをJavaScriptで扱う

フォームの送信イベントなどをJavaScriptで取り扱う機能を作ります。まずは次のようなbindEvents関数を作ります。

図8 script.js

```
/** DOM にイベントを設定する */
function bindEvents() {
  inputForm.addEventListener("submit", () => handleSubmit())
}
```

「フォームタグで登録ボタンをクリックしたらhandleSubmit関数を実行せよ」という内容です。bindEvents関数としてまとめた理由は、他にもクリックイベントを登録したいときはこの関数内で登録するためです。こうやって、用途ごとに関数を分割していくと、後々コードが見やすくなります。

initialize関数も次のように修正し、bindEvents関数を呼び出すようにしておきます。

memo

（○○）=> △△は関数の書き方の一種で、アロー関数と呼ばれます。意味はfunciton(○○){△△}と同じです。
○○が1つの場合は()は省略可能で、○○ => △△と書くこともできます。

図9 script.js

```
function initialize() {
  registerDOM()
  bindEvents()
}
```

登録ボタンクリック時に呼び出されるhandleSubmit関数の内容は次の通りです。

図10 script.js

```
/** Todo を登録する処理 */
function handleSubmit(event) {
  event.preventDefault()
  const todoObj = {
    text: inputForm["input-text"].value
  }
  addTodo(todoObj)
}
```

POINT

submitボタンをクリックした時のブラウザのデフォルトの挙動は、form要素のaction属性等で指定されたURLへのデータ送信です。ここではデータを送信する必要がないので、event.preventDefaultでこの挙動を停止しています。

✏ event.preventDefault でブラウザのデフォルトの挙動を停止します。これがないとページがリロードしてしまいます。todoObj

オブジェクトを新規で作成し、入力した文字列を代入します。そして、実際にTodoリストに保存する機能はaddTodo関数に任せます。

このtodoObjが先に説明したTodoオブジェクトになります。Todoオブジェクトはhandle Submitが実行されると、まずはtextプロパティのみを登録して、それをaddTodo関数に渡しています。詳細な情報の作成はaddTodo関数に任せています。

テキストフィールドに文字を出力する

Todoを追加するaddTodo関数を仕上げていきましょう。まずは、todoObjオブジェクトを格納する配列をグローバル変数に作っておきます。

図11 script.js

```
const todoList = []
```

addTodo関数で、todoList配列にTodoを追加していきます。Todoは、「新規作成・表示・編集・削除」できるものとしますので、todoObjオブジェクトに必要だと思われるプロパティを追加していきます。

作ったオブジェクトを、配列のunshiftメソッド◯を使ってtodoList配列の先頭に挿入します。一覧表示したときに先頭に表示されるTodoが最新のものになります。pushだと、最新が一番後ろに表示されてしまいます。配列にTodoオブジェクトを登録したので、CRUDでいうところのCreateを実装できました。

47ページ　**Lesson1-06**参照。

図12 script.js

```
/** todoList を追加する */
function addTodo(todoObj) {
  // ユニークな ID
  todoObj.id = "todo-" + (todoList.length + 1)
  // 作成日
  todoObj.createdAt = new Date().toLocaleString()
  // 優先度
  todoObj.priority = 3
  // 完了フラグ
  todoObj.isDone = false
  // 編集中フラグ
  todoObj.isEdit = false
  // todoList 配列の先頭に挿入する
  todoList.unshift(todoObj)
```

> **memo**
> toLocalString()は、Dateオブジェクトのメソッドで、言語に合わせた日時の文字列を返します。

129

```
  // HTML を生成する
  updateTodoList()
  // フォームを初期化する
  clearInputForm()
}
```

　次は、CRUD でいう Read の処理を作っていきましょう。登録し
たオブジェクトを HTML に描画します。描画を担当するのが、
updateTodoList 関数です。

図13 script.js

```
/** TodoList の描画を更新する */
function updateTodoList() {
  // HTML 文字列をプールする変数
  let htmlStrings = ""
  // HTML を書き換える
  todoList.forEach(todo => {
    // 新しい HTML を出力
    htmlStrings += createTodoHtmlString(todo)
    todoMain.innerHTML = htmlStrings
  })
  todoMain.innerHTML = htmlStrings
}
```

　Todo 一覧が入っている todoList 配列を forEach でループ処理し
ます。まず htmlString 変数を定義し、空文字を入れておきます。ルー
プ関数を実行するたびに、この htmlString 変数に HTML を文字列と
してプールしていきます。HTML 文字列は、createTodoHtmlString
関数で生成しています。

　createTodoHtmlString 関数で生成する HTML 文字列のイメージ
は次のようなものです。table 要素内に入れる tr 要素 1 つ分の文字
列です。

図14 生成したいHTML文字列

```
<tr id="todo-2"><td class="cell-edit-button"><button data-type="edit"> 編 集 </button></
td><td class="cell-text">みかんを買う</td><td class="cell-created-at">2020/1/9 15:59:28</
td><td class="cell-priority">3</td><td class="cell-done"><button  data-type="done"> 完了
</button></td></tr><tr id="todo-1"><td class="cell-edit-button"><button data-
type="edit"> 編 集 </button></td><td class="cell-text"> 牛 乳 を 買 う </td><td class="cell-
created-at">2020/1/9 15:59:23</td><td class="cell-priority">3</td><td class="cell-
done"><button  data-type="done"> 完了 </button></td></tr>
```

　では、createTodoHtmlString 関数で具体的にどのように HTML
文字列を生成しているかを見てみましょう。

図15 script.js

```
/** Todo1 個単位の HTML 文字列を生成する */
function createTodoHtmlString(todo) {
  // HTML 文字列をプールする変数
  let htmlString = ""
  // HTML の data 属性に設定する編集中を判定する内容
  const editType = todo.isEdit ? "editFixed" : "edit"
  // ボタンのラベルを編集中かどうかで分岐する
  const editButtonLabel = todo.isEdit ? " 編集完了 " : " 編集 "
  // HTML の data 属性に設定する完了したかどうかを判定する内容
  const doneType = todo.isDone ? "inbox" : "done"
  // ボタンのラベルを未完了か完了かで分岐する
  const doneButtonLabel = todo.isDone ? " 未完了 " : " 完了 "
  // todo テキストが入るテーブルセル HTML 文字列をプールする変数
  let todoTextCell = ""
  // 優先度テキストが入るテーブルセル HTML 文字列をプールする変数
  let priorityCell = ""
  // 編集中か、そうでないかで描画する HTML を分岐する
  if (todo.isEdit) {
    // 該当の todo オブジェクトが編集中の場合はテキストフィールドを描画する
    // テキストフィールドなのでユーザーは文字や数値を変更できるようになる
    todoTextCell =
      '<td class="cell-text"><input class="input-edit" type="text" value=' +
      todo.text +
      " /></td>"
    priorityCell =
      '<td class="cell-priority"><input class="input-priority" type="number" value=' +
      todo.priority +
      " /></td>"
  } else {
    // 通常時の状態
    // ユーザーは情報を見るだけなので普通のテキストとして表示すれば OK
    todoTextCell = '<td class="cell-text">' + todo.text + "</td>"
    priorityCell = '<td class="cell-priority">' + todo.priority + "</td>"
  }
  // Todo オブジェクト 1 つにつき 1 行なので、行を生成する tr タグをまず作る
  htmlString += '<tr id="' + todo.id + '">'
  // 編集中を判定するための文字列を data 属性に埋め込んでボタンを作る
  // 非編集時は編集ボタンを、編集中は編集完了ボタンとなる
  htmlString +=
    '<td class="cell-edit-button"><button data-type="' +
    editType +
    '">' +
    editButtonLabel +
    "</button></td>"
  // 先に作成した Todo の文字列情報
  htmlString += todoTextCell
```

```
  // Todo オブジェクトの作成日
  htmlString += '<td class="cell-created-at">' + todo.createdAt + "</td>"
  // 優先度
  htmlString += priorityCell
  // 完了ボタンのセルを作る
  htmlString += '<td class="cell-done">'
  // Todo オブジェクトの完了状態を文字列として data 属性に埋め込む
  htmlString += '<button  data-type="' + doneType + '">'
  // 完了かそうでないかをボタンのラベルに表示する
  htmlString += doneButtonLabel
  htmlString += "</button></td>"
  htmlString += "</tr>"
  // 作った HTML を返す
  return htmlString
}
```

　処理は長いのですが、単純に+=でつなぎながらHTMLの文字列
を生成しているだけです。編集中や完了時の処理を、data属性を
利用して分岐するようにしています。例えばボタンをクリックし
た場合、そのボタンに設定してあるdata属性を取得することがで
きます。取得したdata属性によって、処理を分岐することが可能
になります。

図16 index.htmlとscript.js

```
<button id="button" data-type="edit">
  ボタン
</button>
```

```
document.querySelector("#button").addEventListener("click", (e) => {
    if (e.target.dataset.type === "edit") {
    // 編集中の処理
  } else {
    // それ以外の処理
  }
})
```

　この構成にすると、HTMLのボタンタグのdata属性がeditの場
合は編集中の処理に、それ以外の場合はそれ以外の処理に、とい
うふうに同じ関数内で機能を分岐できます。また、HTMLと
JavaScriptの処理が分かれているので、HTMLを変更するだけで
JavaScript側の処理も変更できるので、マークアップエンジニア
と分業しているときなどにも便利です。
　今回は基礎的な内容ですので、JavaScriptの中に直接たくさん
のHTMLを記述していますが、あとの章で紹介するフレームワー

クを利用すると、このあたりの処理がとても短くなります。フレームワークはたいていテンプレート機能を有しているので、それを利用すると、htmlString += といった方法で文字列を都度連結しなくてもよくなります。フレームワークは実際どういうことをやっているのかを少し理解しておくと、トラブルにあったときに対処しやすくなるので、上に紹介したような基本的なHTMLを描画する方法は知っておいて損はないでしょう。

　次に、createTodoHtmlString関数内で何度か登場する、プログラムを短く記述するテクニックを紹介します。

図17 三項演算子

```
const editType = todo.isEdit ? "editFixed" : "edit"
```

　これは三項演算子と呼ばれる条件分岐の記法です。if文で書くと次のようになります。

図18 三項演算子に相当するif文

```
let editType
if (todo.isEdit) {
  editType = "editFixed"
} else {
  editType = "edit"
}
```

> **memo**
> 三項演算子ではconstで、if文ではletを使用しています。constは変数の値の再代入を禁じているためです。

　6行が1行に収まり、見通しもよいので、こういう単純なif文の箇所にはぜひ使ってみてください。JavaScriptのプログラミングでは三項演算子を多用するケースが多いです。

　最後に、初期化関数にupdateTodoListを追加しておきます。

図19 script.js

```
function initialize() {
  registerDOM()
  bindEvents()
  updateTodoList()
}
```

　ここまでで、ブラウザで実際にTodoを入力して登録してみましょう。入力した内容が表示されているはずです。また、Todoを複数個入れた状態も確認してみてください。

図20　ブラウザに表示されたTodo

My Todo

インボックス	完了したタスク	登録日 ↓ ↑			
	Todo	**登録日**	**優先度**	
編集	牛乳を買う	2019/11/12 19:45:20	3	完了

Todo

| 牛乳を買う | 登録 |

　ここまでで、アプリの機能の Create（新規Todo作成）、Read（Todo
の表示）までできました。処理の流れを図式化して確認してみま
しょう。

図21　CreateからReadまでの流れ

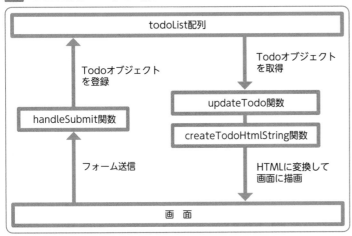

　複雑に感じるかもしれませんが、TodoオブジェクトをtodoList
配列に挿入して、挿入したら一覧のHTMLを丸ごと描画し直す、
ということが理解できていれば大丈夫です。

Lesson 3

03

Todoを完了済みにする
(Update)

THEME テーマ　作ったTodoを完了済みにしてみます。完了したTodo一覧も表示できるようにします。CRUDのUpdateに当たる部分です。

Todoを完了済みにする

次に、登録したTodoを完了済みにしてみましょう。前述の
updateTodoList関数に機能を追加します。

図1 script.js

```javascript
/** TodoList の描画を更新する */
function updateTodoList() {
  let htmlStrings = ""
  // HTML を書き換える
  todoList.forEach(todo => {
    // 新しい HTML を出力
    htmlStrings += createTodoHtmlString(todo)
    todoMain.innerHTML = htmlStrings
  })
  todoMain.innerHTML = htmlStrings
  // 書き換えた HTML にイベントをバインドする
  todoList.forEach(todo => {                    ……以降を追加
    // tr タグに id が振られているので、それを拾う
    const todoEl = document.getElementById(todo.id)
    // 空の場合もあるので if 文で括る
    if (todoEl) {
      // 存在したら、tr 内のボタンタグを抽出する
      todoEl.querySelectorAll("button").forEach(btn => {
        // ボタンの data 属性からボタンの種別を判別する
        const type = btn.dataset.type
        btn.addEventListener("click", event => {
          // data 属性が inbox もしくは done だったら完了 / 未完了ボタンなので
          // トグルする関数を実行する
          if (type.indexOf("inbox") >= 0 || type.indexOf("done") >= 0) {
            updateTodoState(todo, type)
          }
        })
      })
```

```
        })
      }
  })
}
```

HTMLを出力し終えたあとに、todoList配列をループで回します。そのループ関数の中で、自分のTodoをquerySelectorAllを使って引き当てて、1つずつイベントを設定していきます。

次の記述方法でHTMLのdata属性を取得できます。

memo

todoElを取得する際に、document.getElementById(todo.id)としています。これはdocument.queryString()と同じ機能をもつ関数で、ID名で取得する際に使用されます。document.querySelector('#' + todo.id)と書いても同じです。

図2 HTMLのdata属性を取得する

```
const type = btn.dataset.type
```

ここではdata属性のtypeパラメータ（data-type=○○）にdoneかinboxかの文字列を与えています。doneだったら完了ボタン、inboxだったら未完了ボタンになります。クリックしたあとの処理は、updateTodoState関数に任せます。

なぜ毎回イベントを設定するのか？

ボタンに対してループ関数内でイベントを設定していますが、「最初に設定しておけば、毎回ループ関数の中でイベントを設定する必要はないのでは？」と思われるかもしれません。例えばinitialize関数の中で次のように書くとどうなるのでしょうか？

図3 initialize関数内でイベントを設定する場合

```
document.querySelectorAll('.cell-done').forEach(done => {
  done.addEventListener("click", event => {
    console.log("click button")
  })
})
```

実はこの形だとクリックしても反応しません。まだDOMの中にdocument.querySelectorAll('.cell-done')で選択できる要素が存在しないからです。DOMの中に存在してからはじめてイベントを設定することができます。

また、DOMが消えるとDOMに設定したイベントも消えてしまいます。今回のアプリでは、Todoが追加されるとTodo一覧のHTMLがすべて書き変わるので、そのたびにループ処理内でイベントを設定しています。

このあたりも、あとで紹介するフレームワークならうまい具合

に対応してくれます。現在のHTMLと次のHTMLの差分（変更箇所）を見て差分だけを更新するのは、Vue.jsやReactといった最近のフレームワークで主流の方法です。

　ともあれ、「動的に追加したHTML要素へイベントを**バインド**する場合は、要素がHTML上にある状態になったあとでないとバインドできない」ということは覚えておいてください。熟練のエンジニアでも、たまにこれが原因のバグに遭遇するケースがあります。

WORD ▶ バインド

バインドとは「結びつける」という意味で、要素にイベントを結びつける場合などによく使われる言葉です。

Todoを完了にする

Todoを完了にするupdateTodoState関数を見ていきましょう。

図4　script.js

```
/** todo の完了ステートの変更 */
function updateTodoState(todo, type) {
  // ボタンの data 属性と Todo オブジェクトのパラメータを比較する
  todo.isDone = type === "done"
  updateTodoList()
}
```

todoList配列内のTodoオブジェクトを変更しています。「todo.isDone = type === "done"」は、引数のtypeがdoneだったらtrueに、doneではなかったらfalseに、を省略記法を使って書いたものです。if文を使って書くと次のようになります。

図5　if文を使った場合

```
if (todo.isDone === type) {
  return true
} else {
  return false
}
```

　そして、updateTodoList関数でHTMLを再描画します。基本的には、Todoを書き換えたらHTMLも書き換えて、つどイベントを設定する、の繰り返しです。

図6　更新処理の流れ

137

未完了のTodoのみを表示する

　Todoのステートを完了に書き換えたので、Todo一覧には未完了のものだけを表示してみましょう。updateTodoList関数にフィルタ処理を差し込みます。

53ページ　**Lesson1-07**参照。

図7 script.js

```
/** TodoList の描画を更新する */
function updateTodoList() {
  let htmlStrings = ""
  // HTML を書き換える
  todoList
    .filter(todo => !todo.isDone)        ……フィルタを追加
    .forEach(todo => {
      // 新しい HTML を出力
      htmlStrings += createTodoHtmlString(todo)
      todoMain.innerHTML = htmlStrings
    })
  todoMain.innerHTML = htmlStrings
  ……中略……
}
```

　todoList.filter(todo => !todo.isDone) と記述することで、Todoが未完了のものだけを抽出できます。続けてforEachでループ処理を行います。この一文を加えるだけで、未完了のTodoのみを表示することができます。関数を機能ごとに細かく分けておくと、修正の範囲が少なく済みます。

　ここまでで、Todoを追加して完了するまでの機能は実装することができました。

ボタンで未完了と完了の表示を切り替える

　続いて、ボタンをクリックして「未完了のタスク」「完了済みのタスク」の表示を切り分けられるようにしましょう。

　セレクトメニュー周辺のHTMLは次のようになっています。

図8 index.html

```
<div id="tab">
  <div class="tab-list">
    <button data-target="inbox"> インボックス </button>
  </div>
  <div class="tab-list">
    <button data-target="done"> 完了したタスク </button>
```

```
    </div>
    <div class="tab-list">
      <select id="sort-menu">
        <option value="created-desc">登録日↓</option>
        <option value="created-asc">登録日↑</option>
        <option value="priority-desc">優先度↓</option>
        <option value="priority-asc">優先度↑</option>
      </select>
    </div>
  </div>
```

インボックスボタンをクリックすると未完了のTodoが、完了したタスクボタンをクリックすると完了済みのTodoが表示されます。またセレクトメニューでは登録日と優先度でTodoの表示順をソートできるようにしてみます。まずは、インボックスと完了済みのTodoの表示からやってみましょう。

DOMはすでに次のように変数に保存されていると思います。

図9 script.js

```
/** DOM を変数に登録する */
function registerDOM() {
  ……中略……
  tabButton = document.querySelector("#tab").querySelectorAll("button")
  sortMenu = document.querySelector("#sort-menu")
}
```

このDOMにイベントをバインドて、クリック時にhandleTabClick関数とhandleSort関数を呼び出します。

図10 script.js

```
/** DOM にイベントを設定する */
function bindEvents() {
  ……中略……
  // インボックス / 完了済みの切り分けボタン
  tabButton.forEach(tab => {
    tab.addEventListener("click", event => handleTabClick(event))
  })
  // 表示順のソート
  sortMenu.addEventListener("change", event => handleSort(event))
}
```

handleTabClick関数はこうなっています。

図11 script.js

```
// グローバル変数に表示ターゲットを変数化
let displayTarget = "inbox"


……中略……


/** インボックス / 完了済みボタンの切り分け */
function handleTabClick(event) {
  // クリックしたターゲット（ボタン）を変数化する
  const me = event.currentTarget
  // data属性から表示ターゲットを切り替える
  displayTarget = me.dataset.target
  // HTMLを再描画
  updateTodoList()
}
```

memo
event.currentTargetとすると、イベントが発生した要素を取得できます。

　ボタンをクリックすると、ボタンのdata属性から表示種別の文字列を取得します。取得した文字列をグローバル変数のdeisplayTargetに保存します。このdisplayTargetの種類によって、描画するHTMLを切り替えます。updateTodoList関数を次のように変更します。

図12 script.js

```
/** TodoListの描画を更新する */
function updateTodoList() {
  let htmlStrings = ""
  // HTMLを書き換える
  todoList
      // 表示するターゲットに応じてTodo配列をフィルタリングする
    .filter(todo => todo.isDone !== (displayTarget === "inbox"))    ……ここを変更
    .forEach(todo => {
      // 新しいHTMLを出力
      htmlStrings += createTodoHtmlString(todo)
      todoMain.innerHTML = htmlStrings
    })
  todoMain.innerHTML = htmlStrings
  // 書き換えたHTMLにイベントをバインドする
  todoList
    // 表示するターゲットに応じてTodo配列をフィルタリングする
    .filter(todo => todo.isDone !== (displayTarget === "inbox"))    ……ここを変更
    .forEach(todo => {
      const todoEl = document.getElementById(todo.id)
      if (todoEl) {
        todoEl.querySelectorAll("button").forEach(btn => {
          const type = btn.dataset.type
          btn.addEventListener("click", event => {
```

```
            if (type.indexOf("inbox") >= 0 || type.indexOf("done") >= 0) {
              updateTodoState(todo, type)
            }
        })
      })
    }
  })
}
```

　この関数のもっとも重要な箇所は todoList.filter(todo => todo.isDone !== (displayTarget === "inbox")) です。ここで表示するターゲットに応じて Todo 配列をフィルタリングして抽出しています。

　displayTarget が inbox（未完了の Todo を表示する）の場合、displayTarget === "inbox" は true を返します。todo.isDone は未完了であれば false を、完了済みであれば true を返します。よって、todo.isDone が false なら false !== true となって条件が成立するため、未完了の Todo が表示されることになります。完了済みの場合なら、true !== true となって条件が成立しないため、displayTarget が inbox の場合は表示されないことになります。

　displayTarget が done（完了済みの Todo を表示する）の場合、displayTarget === "inbox" は false を返します。todo.isDone は完了済みなら true を返します。よって、true !== false となるので、完了済みの Todo がフィルタリングされて表示されることになります。

　まとめると次の表のような関係になります。

図13　displayTargetとtodo.isdoneの真偽値の関係

displayTarget === "inbox"	todo.isDone	todo.isDone !== (displayTarget === "inbox")
true **（未完了の Todo を表示）**	true（完了済み）	false（表示されない）
	false（未完了）	true（表示される）
false **（完了済みの Todo を表示）**	true（完了済み）	true（表示される）
	false（未完了）	false（表示されない）

表示順をソートする

　次に、表示順のソート機能を実装していきましょう。

図14　script.js

```
let sortIndex = "created-desc"

/** ソートの実行 */
function handleSort(e) {
```

```
    sortIndex = e.currentTarget.value
    updateTodoList()
}
```

　これもおおまかな仕組みは表示のフィルタリングと同じで、グ
ローバル変数にソートキーを保存しています。ソートキーは次の
ようにHTMLのoption要素のvalueとして定義しています。

図15 ソートキー

ソートキー	説明
created-desc	登録日降順
created-asc	登録日昇順
priority-desc	優先度降順
priority-asc	優先度昇順

　プログラミングではよくdescやascという用語が出てきます。
descはdescending orderの略で降順（日付でいうと新しい日付か
ら表示）し、ascはascending orderの略で昇順（日付でいうと古い
日付から表示）という意味になります。覚えておいて損はないで
しょう。

　bindEvents関数内でセレクトメニューのチェンジイベントにこ
の関数をバインドしているので、選択したメニューのvalueを
e.currentTarget.valueで取得することができます。取得したvalue
をグローバル変数のsortIndexに保存して、updateTodoList関数
を実行し、HTMLを再描画します。updateTodoList関数を次のよ
うに変更します。

図16 script.js

```
/** ソート関数 */
function sortTodos(a, b) {        ……このソート関数を追加
  switch (sortIndex) {
    case "created-desc":
      return Date.parse(b.createdAt) - Date.parse(a.createdAt)
    case "created-asc":
      return Date.parse(a.createdAt) - Date.parse(b.createdAt)
    case "priority-desc":
      return b.priority - a.priority
    case "priority-asc":
      return a.priority - b.priority
    default:
      return todoList
```

```
  }
}

/** TodoList の描画を更新する */
function updateTodoList() {
  let htmlStrings = ""
  // HTML を書き換える
  todoList
    .filter(todo => todo.isDone !== (displayTarget === "inbox"))
      // ソートの実行
    .sort(sortTodos)                  ……ここを変更
    .forEach(todo => {
      // 新しい HTML を出力
      htmlStrings += createTodoHtmlString(todo)
      todoMain.innerHTML = htmlStrings
    })
  todoMain.innerHTML = htmlStrings
  // 書き換えた HTML にイベントをバインドする
  todoList
    .filter(todo => todo.isDone !== (displayTarget === "inbox"))
    .forEach(todo => {
      const todoEl = document.getElementById(todo.id)
      if (todoEl) {
        todoEl.querySelectorAll("button").forEach(btn => {
          const type = btn.dataset.type
          btn.addEventListener("click", event => {
            if (type.indexOf("inbox") >= 0 || type.indexOf("done") >= 0) {
              updateTodoState(todo, type)
            }
          })
        })
      }
    })
}
```

　ソートには配列のsortメソッドを使います⬡。sortメソッドで引数にsortTodo関数を指定していますが、こうするとsortメソッドはsortTodo関数に配列の2つの項目を引数として渡します。sortTodo関数では2つの項目を比較し、正負の値を返します。正の値ならそのまま、負の値なら順序を入れ替えることで、sortメソッドで並べ替えが行われていきます。

　ここでは、日付の比較、優先度の比較を、**switch文**を利用して実行しています。Date.parse()は引数に日時を表す文字列を渡すと、文字列を解析して日時を1970年1月1日からの経過時間としてミリ秒の数値で返します。Date.parse(b.createdAt)とすること

⬡ 51ページ **Lesson1-06**参照。

WORD　switch文

　switch文は「switch(変数){case ○○:〜}」とすることで、変数の中身が該当するcaseごとに処理を切り替えられます。defaultは変数がすべてのcaseに当てはまらない場合の処理です。if文よりも簡単に書けるというメリットがあります。

で、日付を数値で扱えるようになり、引き算をすることで正負の値を返すことができます。優先度の編集はまだできませんが、日付のソートで動作は確認できます。

図17 Todoを3つ登録した状態（登録日降順＝デフォルトの状態）

図18 登録日を昇順に変更した状態

Lesson 3 04 Todoを編集する（Update）

THEME テーマ Todoのデータを編集できるようにしてみましょう。Todoの内容や優先度などが編集できるようになります。これもCRUDのUpdateに相当します。

Todoを編集する

　登録したTodoのテキスト情報を編集したり、優先度を変更したりする機能を実装してみましょう。編集ボタンをクリックすると、対象のTodoが編集モードになります。編集を完了すると通常の状態に戻ります。

　HTMLを描画して、イベントを設定するupdateTodoList関数に機能を追加します。

図1 script.js

```
/** TodoList の描画を更新する */
function updateTodoList() {
  let htmlStrings = ""
  // HTML を書き換える
  todoList
    .filter(todo => todo.isDone !== (displayTarget === "inbox"))
    .sort(sortTodos)
    .forEach(todo => {
      // 新しい HTML を出力
      htmlStrings += createTodoHtmlString(todo)
      todoMain.innerHTML = htmlStrings
    })
  todoMain.innerHTML = htmlStrings
  // 書き換えた HTML にイベントをバインドする
  todoList
    .filter(todo => todo.isDone !== (displayTarget === "inbox"))
    .forEach(todo => {
      const todoEl = document.getElementById(todo.id)
      if (todoEl) {
        todoEl.querySelectorAll("button").forEach(btn => {
          const type = btn.dataset.type
          btn.addEventListener("click", event => {
```

145

```
          // 編集ボタンとそれ以外のボタンで機能を切り分ける
          if (type.indexOf("edit") >= 0) {          ……if文を追加
            editTodo(todo, type)
          } else {
            updateTodoState(todo, type)
          }
        })
      })
      // 編集状態の場合はテキストフィールドにもイベントをバインドする
      if (todo.isEdit) {          ……テキストフィールドにイベントをバインド
        todoEl.querySelector(".input-edit").addEventListener("input", event => {
          todo.text = event.currentTarget.value
        })
        todoEl
          .querySelector(".input-priority")
          .addEventListener("input", event => {
            todo.priority = parseInt(event.currentTarget.value, 10)
          })
      }
    }
  })
}
```

描画されるHTMLのボタンは次のようになっています。

図2 ボタンのHTML

```
<button data-type="edit"> 編集 </button>
```

このHTMLに対してクリックイベントを設定し、editTodo関数
を呼び出すようにしました。
editTodo関数は次の通りです。

図3 script.js

```
/** 編集モード */
function editTodo(todo, type) {
  todo.isEdit = type === "edit"
  updateTodoList()
}
```

関数の引数に、クリックした行のTodoオブジェクトと、編集状
態を渡しています。Todoオブジェクトの編集フラグisEditを、
typeがeditだったらtrue、それ以外ならfalseに設定しています。
そして、Todoのデータが書き換わったので、updateTodoList関数
を使ってHTMLを書き換えます。

　updateTodoList関数の中で実行しているcreateTodoHtmlString
関数を再確認してみます。

図4 script.js

```
/** Todo1個単位のHTML文字列を生成する */
function createTodoHtmlString(todo) {
  let htmlString = ""
  const editType = todo.isEdit ? "editFixed" : "edit"
  const editButtonLabel = todo.isEdit ? "編集完了" : "編集"
  const doneType = todo.isDone ? "inbox" : "done"
  const doneButtonLabel = todo.isDone ? "未完了" : "完了"
  let todoTextCell, priorityCell
  if (todo.isEdit) {
    todoTextCell =
      '<td class="cell-text"><input class="input-edit" type="text" value=' +
      todo.text +
      " /></td>"
    priorityCell =
      '<td class="cell-priority"><input class="input-priority" type="number" value=' +
      todo.priority +
      " /></td>"
  } else {
    todoTextCell = '<td class="cell-text">' + todo.text + "</td>"
    priorityCell = '<td class="cell-priority">' + todo.priority + "</td>"
  }
  htmlString += '<tr id="' + todo.id + '">'
  htmlString +=
    '<td class="cell-edit-button"><button data-type="' +
    editType +
    '">' +
    editButtonLabel +
    "</button></td>"
  htmlString += todoTextCell
  htmlString += '<td class="cell-created-at">' + todo.createdAt + "</td>"
  htmlString += priorityCell
  htmlString += '<td class="cell-done">'
  htmlString += '<button data-type="' + doneType + '">'
  htmlString += doneButtonLabel
  htmlString += "</button></td>"
  htmlString += "</tr>"
  return htmlString
}
```

　自身のTodoが編集状態かそうではないかで、editTypeの文字列
を切り替えています。次の動作に移るボタンですから、編集状態
の場合に表示するのは「編集完了」ボタン、編集完了状態は「編集」

147

ボタンです。editTypeの文字列をボタンタグのdata属性に渡し、
クリック時の挙動を分岐させています。そして、todo.isEditを見て、
表示させるHTMLも分岐させています。createTodoHtmlString関
数内の分岐部分を抜き出すと次の通りです。

図5 script.js

```
if (todo.isEdit) {
    // 編集中はテキストフィールドを表示する
  todoTextCell =
    '<td class="cell-text"><input class="input-edit" type="text" value=' +
    todo.text +
    " /></td>"
  priorityCell =
    '<td class="cell-priority"><input class="input-priority" type="number" value=' +
    todo.priority +
    " /></td>"
} else {
    // 通常の表示時
  todoTextCell = '<td class="cell-text">' + todo.text + "</td>"
  priorityCell = '<td class="cell-priority">' + todo.priority + "</td>"
}
```

　編集を完了した場合のif文は、updateTodoList関数に追加して
います。

図6 script.js

```
/** TodoList の描画を更新する */
function updateTodoList() {
  ……中略……
  // 書き換えた HTML にイベントをバインドする
  todoList.forEach(todo => {
    ……中略……
    if (todo.isEdit) {
      todoEl.querySelector(".input-edit").addEventListener("input", event => {
        todo.text = event.currentTarget.value
      })
      todoEl
        .querySelector(".input-priority")
        .addEventListener("input", event => {
          todo.priority = parseInt(event.currentTarget.value, 10)
        })
    }
  })
}
```

　todoオブジェクトが編集状態（isEditがtrue）の場合は、HTML
の.input-editに文字を入力するたびにtodoオブジェクトのtext属
性に反映します。.input-priorityに入力すると、todoオブジェクト
のpriority属性（優先度）を入力値に更新します。この.input-
priorityはHTMLのtype属性がnumberなので、数値以外は入力で
きないようになっています。

　これで登録したTodoを編集することができました。

図7　Todoの編集

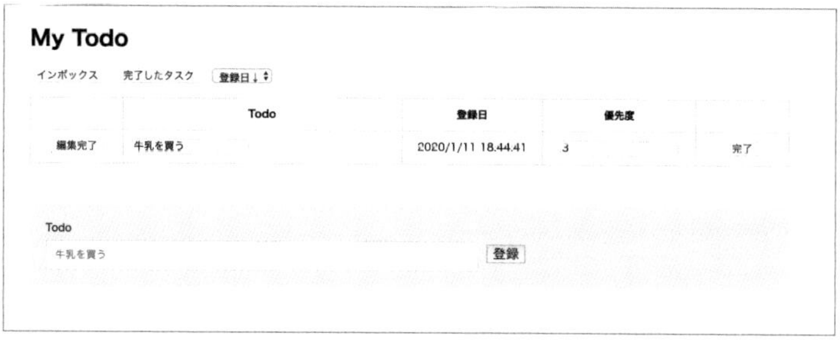

　Todoのテキストを編集したり、優先度を変更したりしてみま
しょう。また、優先度を変更したら、先に実装した優先度でのソー
ト機能も動作するか試してみましょう。

Todoを削除する（Delete）

THEME テーマ 誤って作ってしまったTodoを削除する機能を作ってみましょう。CRUDのDelete に当たる部分です。

Todoを削除する

最後にTodoを削除してみましょう。例えば誤って登録してしまったTodoを削除したいときに使う機能です。配列todoListから指定のTodoオブジェクトを削除して、HTMLを再描画すれば実現できそうです。

まず描画するHTMLを変更して、削除ボタンを設置しましょう。

図1 index.html

```html
<table id="todo-table">
  <thead>
    <tr>
      <th></th>
      <th>Todo</th>
      <th> 登録日 </th>
      <th> 優先度 </th>
      <th></th>
      <th></th>
    </tr>
  </thead>
  <tbody id="todo-main">
    <tr></tr>
  </tbody>
</table>
```

図2 script.js

```javascript
/** Todo1 個単位の HTML 文字列を生成する */
function createTodoHtmlString(todo) {
  let htmlString = ""
  const editType = todo.isEdit ? "editFixed" : "edit"
```

```javascript
  const editButtonLabel = todo.isEdit ? "編集完了" : "編集"
  const doneType = todo.isDone ? "inbox" : "done"
  const doneButtonLabel = todo.isDone ? "未完了" : "完了"
  let todoTextCell, priorityCell
  if (todo.isEdit) {
    todoTextCell =
      '<td class="cell-text"><input class="input-edit" type="text" value=' +
      todo.text +
      " /></td>"
    priorityCell =
      '<td class="cell-priority"><input class="input-priority" type="number" value=' +
      todo.priority +
      " /></td>"
  } else {
    todoTextCell = '<td class="cell-text">' + todo.text + "</td>"
    priorityCell = '<td class="cell-priority">' + todo.priority + "</td>"
  }
  htmlString += '<tr id="' + todo.id + '">'
  htmlString +=
    '<td class="cell-edit-button"><button data-type="' +
    editType +
    '">' +
    editButtonLabel +
    "</button></td>"
  htmlString += todoTextCell
  htmlString += '<td class="cell-created-at">' + todo.createdAt + "</td>"
  htmlString += priorityCell
  htmlString += '<td class="cell-done">'
  htmlString += '<button data-type="' + doneType + '">'
  htmlString += doneButtonLabel
  htmlString += "</button></td>"
  htmlString += "</td>"
  htmlString += '<td class="cell-delete">'          ……削除ボタンを追加
  htmlString += '<button data-type="delete">'
  htmlString += '削除'
  htmlString += "</button></td>"
  htmlString += "</tr>"
  return htmlString
}
```

図3 削除ボタンが追加された

My Todo

	Todo	登録日	優先度		
インボックス　完了したタスク　登録日↓⏶					
編集	牛乳を買う	2020/1/11 18:57:45	3	完了	削除

Todo

牛乳を買う　　　　　　　　　　　　　　　　　　　　　　　　登録

追加した削除ボタンにイベントをバインドします。

図4 script.js

```javascript
/** TodoList の描画を更新する */
function updateTodoList() {
  ……中略……
  // 書き換えた HTML にイベントをバインドする
  todoList
    .filter(todo => todo.isDone !== (displayTarget === "inbox"))
    .forEach(todo => {
      const todoEl = document.getElementById(todo.id)
      if (todoEl) {
        todoEl.querySelectorAll("button").forEach(btn => {
          const type = btn.dataset.type
          btn.addEventListener("click", event => {
            if (type.indexOf("edit") >= 0) {
              editTodo(todo, type)
            } else if (type.indexOf("delete") >= 0) {          ……これを追加
              // 配列から指定の Todo オブジェクトを削除する
              deleteTodo(todo)
              updateTodoState(todo, type)
            } else {
              updateTodoState(todo, type)
            }
          })
        })
        ……中略……
      }
    })
}
```

deleteTodo関数は次のようになります。

図5 script.js

```
/** todo を削除 */
function deleteTodo(todo) {
  // 対象の Todo オブジェクトの配列内のインデックスを調べる
  const index = todoList.findIndex((t) => t.id === todo.id)
  // 配列から削除する
  todoList.splice(index, 1)
}
```

　対象のTodoオブジェクトのインデックス番号を **findIndex** メソッドで探し、spliceメソッド◯で削除しました。ここでは配列から削除しただけなので、HTMLには反映されません。HTMLに反映するためにupdateTodoList関数内でupdateTodoState関数を実行しています。

　これで、Todoアプリの基本機能のCRUDを実装することができました。フレームワークを利用しないピュアなJavaScriptでの実装でしたので、いささか冗長な箇所もありました。次のLessson 4では、Vue.jsやReactなどのフレームワークを利用して、同じCRUD機能を持ったTodoアプリを実装してみましょう。

> **WORD** **findIndexメソッド**
>
> 　findIndexメソッドは、配列内の要素が引数で指定した関数を満たす場合に、その要素のインデックスを返すメソッドです。

48ページ　**Lesson1-06**参照。

Vue.jsの基本

現在、もっともよく使われているJavaScriptのフレームワークの1つが「Vue.js」です。Vue.jsに則ってJavaScriptのプログラムを書き進めることで、より効率的に開発を行うことができます。ここではVue.jsの基本と、Vue.jsを利用したTodoアプリの制作を学びます。

基本 > アプリ制作 > Vue.js >

フレームワークを使ってみよう

Lesson 4では、JavaScriptフレームワークの1つであるVue.jsの基本について学習していきます。はじめに、フレームワークとは何か、そしてVue.jsとは何かについて確認していきましょう。

フレームワークとは何だろう

フレームワークとは

「フレームワーク (framework)」とは「骨組み、枠組み」といった意味を表す言葉です。JavaScriptにおけるフレームワークとは、アプリの汎用的な機能や骨組みを提供し、開発を楽にしてくれるプログラムのことを指します。

開発者は、フレームワークをアプリの骨組みとし、そこにアプリ固有の機能を実装することで、保守性の高いアプリを効率的に開発できます。

なぜフレームワークを使うのか

◉効率的に開発できるため

フレームワークを使うことで、開発者はアプリの汎用的な機能や骨組みに割く時間を省くことができます。その結果、アプリ固有の機能の実装に専念できます。

また、フレームワークを使った開発では、新しいチームメンバーのキャッチアップにかかる時間も減らすことができます。新しいチームメンバーがそのフレームワークを使ったことがあれば、フレームワーク部分の把握に時間を割く必要がないためです。

◉保守性を高めるため

保守性とは、保守のしやすさの度合いです。ここでの保守とはバグの修正や機能の追加など、アプリのプログラムを改変することを指します。

アプリの構造化は難しいものです。適切な構造化が行われない場合、どこに何が書いてあるのかわかりづらい、可読性の低いプログラムとなってしまいます。そのようなプログラムはバグが発

生しやすく、改変しにくい、とても扱いづらいものです。

　フレームワークはアプリの骨組みを提供するため、アプリの構造化が容易となります。また、フレームワークは使用する上でルールを持ち、開発者はそのルールに従ってコードを書く必要があります。そのため、複数の開発者で開発を行った場合もコードの統一性が保たれやすく、可読性の高い状態を維持できます。

フレームワークとライブラリの違い

　フレームワークと混同されやすいライブラリについて、あわせて紹介します。ライブラリとは、汎用性の高いプログラムを再利用可能な形にまとめたものです。フレームワークとライブラリの違いは、それが呼び出す側なのか、呼び出される側なのか、にあります。

　フレームワークは呼び出す側です。アプリの開発者はフレームワークを骨組みとしてコードを書いていきますが、それらのコードはフレームワークによって、適切なタイミングで呼び出されます。

　一方ライブラリは呼び出される側です。ライブラリは、ある汎用的な処理を実行するために、開発者によって、開発者の望むタイミングで呼び出されます。フレームワークと異なり、アプリの骨組みは提供しません。

　フレームワークとライブラリの違いは制御の中心がどこにあるか、といい換えることもできます。フレームワークは制御を担う側であり、ライブラリは制御される側であるといえます。

Vue.js とは何だろう

　ここまで、フレームワークとは何かについて確認してきました。次は、実際にJavaScriptフレームワークを使ってみましょう。この章では、主要なJavaScriptフレームワークの1つであるVue.jsを取り上げます。

Vue.js とは

　Vue.js（ビュージェイエス）はユーザーインターフェースの構築に特化したフレームワークです。2014年の2月にEvan You（https://twitter.com/youyuxi）氏個人のプロジェクトとして初版がリリースされました。MITライセンスのオープンソースプロジェクトで、Evan You氏を中心に現在も活発に開発が続けられています。

　段階的に導入できる性質がVue.jsの特徴であり、このことから

Vue.jsは**プログレッシブフレームワーク**と呼ばれています。

人気の高いフレームワーク

GitHub（https://github.com/vuejs/vue）でのスター数は2019年10月5日時点で149,218となっており、その人気の高さがうかがえます。

WORD プログレッシブフレームワーク

プログレッシブ (progressive) とは「段階的に前進する、進行形の」といった意味の言葉です。Vue.jsはアプリ全体に導入する必要はありません。既存プロジェクトの一部のみにVue.jsを導入し、徐々にその範囲を拡大していくような使い方ができます。また、Vue.jsは小規模アプリから大規模アプリまで対応しています。はじめは小さなアプリとして開発し、要件拡大に応じてアプリが複雑化する場合は、それをサポートするライブラリやツールを追加導入することで盤石な開発を行うことができます。

図1 Vue.jsのリポジトリ

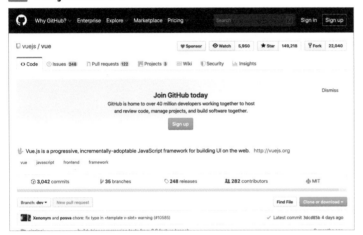

日本国内での人気も高く、Vue.js日本ユーザーグループ（https://github.com/vuejs-jp/home）によるミートアップイベントが定期的に開催されています。東京を中心に、関西・福岡・札幌・仙台でも開催されています。

図2 Vue.js 日本ユーザーグループ

豊富な日本語資料

Vue.jsの公式サイト（https://jp.vuejs.org/index.html）はVue.jsコミュニティによって、多くの言語に翻訳されています。日本語もその1つで、公式サイトの多くを日本語で読むことが可能です。これから学ぶ内容についてもっと詳しく知りたい、より発展的な

内容を知りたい、そんなときは公式サイトのドキュメントが役に
立ちます。

図3 **Vue.jsの公式サイト**

　また、Vue.jsのフォーラム（https://forum.vuejs.org/）ではVue.
jsについてわからないことを質問することができます。フォーラ
ムでは日本語カテゴリが存在し、日本語で質問することが可能で
す。他の投稿者の質問やその回答も参考になるでしょう。

図4 **Vue.js のフォーラム**

Lesson 4

02 Vue.jsの基本を知ろう

THEME テーマ Vue.jsのコードを実際に書いてみましょう。ここでは「Hello, Vue.js!」というメッセージを表示する、簡単なVueアプリを作成します。

はじめてのVueアプリを作ろう

以下のsample01.html、sample01.jsをベースにコードを書いていきましょう。

図1 sample01.html

```html
<!DOCTYPE html>
<html lang="ja">
<head>
  <meta charset="utf-8">
  <meta name="viewport" content="width=device-width, initial-scale=1">
  <title>title</title>
</head>
<body>
  <div id="app"></div>
  <script src="sample01.js"></script>
</body>
</html>
```

図2 sample01.js

```js
// ここに Vue.js のコードを書く
```

Vue.jsの読み込み

Vue.jsのコードを書く前に、まずはVue.js本体を読み込む必要があります。今回はVue.js本体を配信しているCDN（Content Delivery Network）を利用して読み込みましょう。

Vue.js本体には「開発バージョン（vue.js）」と「本番バージョン（vue.min.js）」の2種類があります。今回は開発バージョンで2.6.10を使用します。開発バージョンは 警告出力とデバッグモードがあ

> **memo**
> CDNで読み込むファイルのURLは、次のURLのページの「dist」をクリックして確認できます。
> https://cdn.jsdelivr.net/npm/vue/

り、学習用に最適です。本番環境では本番バージョンを使用する
ようにしてください。

図3 sample02.html

```
<!DOCTYPE html>
<html lang="ja">
<head>
  <meta charset="utf-8">
  <meta name="viewport" content="width=device-width, initial-scale=1">
  <title>title</litle>
</head>
<body>
  <div id="app"></div>
  <script src="https://cdn.jsdelivr.net/npm/vue@2.6.10/dist/vue.js"></script>
  <script src="sample02.js"></script>
</body>
</html>
```

Vue インスタンスの作成

Vue.js 本体を読み込むと、Vue関数を使用できるようになります。

Vue アプリを作成し、起動するにはVue関数を用いてVue インスタンスを作成します。Vue関数は引数として**オプションオブジェクト**を取り、そのオプションオブジェクトの内容によって Vue アプリの挙動が変わります。

WORD　オプションオブジェクト

オプションオブジェクトは、Vue.js
の設定を行うためのオブジェクトです。
オプションオブジェクトの詳細は公式
サイトのドキュメントを参照してくださ
い(日本語でも利用可能です)。
https://vuejs.org/v2/api/index.
html#Options-Data

図4 sample03.js

```
new Vue({
  // オプション
})
```

オプションオブジェクトにはさまざまなオプションを渡すことが可能です。ここではel オプションとdata オプションを指定してみましょう。

el オプション

el オプションではVue インスタンスを紐付ける DOM 要素を指定します。DOM 要素は CSS セレクタ形式での指定が可能です。ここでは #app を指定しましょう。

図5 **sample04.js**

```
new Vue({
  el: "#app"
})
```

data オプション

data オプションでは Vue インスタンスに持たせたいデータを登録できます。data オプションはオブジェクトを値に持つため、Vue インスタンスに複数のデータを持たせることが可能です。

今回は message というプロパティ名で「Hello, Vue.js!」という値をデータとして登録してみましょう。

図6 **sample05.js**

```
new Vue({
  el: "#app",
  data: {
    message: "Hello, Vue.js!"
  }
})
```

これで Vue インスタンスを #app に紐付かせ、データを持たせることができました。

メッセージの表示

次は登録したメッセージを表示してみましょう。

Vue インスタンスに持たせたデータは、Vue インスタンスを紐付けた #app 内で参照することができます。データを参照するには参照したいデータの名前を波カッコを二重にして囲みます。これを **Mustache構文** といいます。ここでは message を参照したいため、{{ message }} としましょう。data オプションに登録されたデータはそのプロパティ名で参照可能なため、data.message とする必要はありません。

WORD **Mustache構文**

Mustacheは「口ひげ」の意味です。
カッコの形状からこう呼ばれています。

図7 **sample06.html**

```
<div id="app">
  {{ message }}
</div>
```

sample06.html をブラウザで開いてみると、「Hello, Vue.js!」という文字列が表示されています。

図8 sample06.htmlの実行結果

Hello, Vue.js!

samplc06.htmlの全体をもう一度眺めてみると、「Hello, Vue.js!」の文字はなく、Vue.jsによって挿入された文字列であることが確認できます。

図9 sample06.html（全体）

```
<!DOCTYPE html>
<html lang="ja">
<head>
  <meta charset="utf-8">
  <meta name="viewport" content="width=device-width, initial-scale=1">
  <title>title</title>
</head>
<body>
  <div id="app">
    {{ message }}
  </div>
  <script src="sample01.js"></script>
</body>
</html>
```

これで、はじめてのVueアプリの完成です。

Vue.js の基本記法を確認しよう

THEME テーマ 「はじめての Vueアプリを作ろう」では、簡単なVueアプリを作成しました。ここでは、Vue.jsの基本記法を確認していきましょう。

Vueインスタンスの作成

Vue アプリの作成、起動には Vue 関数を用いて Vue インスタンスの作成を行います。Vue 関数にはオプションオブジェクトを渡します。

「はじめての Vue アプリを作ろう」では、オプションオブジェクトに el オプションや data オプションを指定しました。

161ページ **Lesson4-02**参照。

図1 sample01.js

```js
new Vue({
  el: "#app",
  data: {
    message: "Hello, Vue.js!"
  }
})
```

オプションオブジェクトには el オプションや data オプションの他にも、computed オプションや methods オプションなどを指定可能です。computed オプションと methods オプションについては本章で取り上げます。

データの登録・参照

Vue インスタンスにデータを持たせたい場合は data オプションで登録します。

「はじめての Vue アプリを作ろう」では Vue インスタンスに message をデータとして持たせ、Mustache 構文を使って参照しました。

162ページ **Lesson4-02**参照。

図2 sample01.html

```
<div id="app">
  {{ message }}
</div>
```

Mustache構文ではVueインスタンスに持たせたデータの参照の他にも、JavaScriptの式を書くことも可能です。JavaScriptの式とは例えば、1 + 1、count > 2、name === "太郎"といった、単一の値に評価されるものです（それぞれ2、trueまたはfalse、trueまたはfalseに評価される）。

次のsample02.htmlをブラウザで開くと、1 + 1を評価した2が表示されます。

図3 sample02.html

```
<div id="app">
  {{ 1 + 1 }}
</div>
```

属性

VueインスタンスのデータはHTMLの属性値にも使用できます。ただし、属性値ではMustache構文を使用することができません。属性値でVueインスタンスのデータを参照するにはv-bindディレクティブと呼ばれるものを使います。

ディレクティブとは、Vue.jsで用いられる特別な属性のことです。ディレクティブを表す特徴として、v-の接頭辞が付いています。v-bindディレクティブはディレクティブのうちの1つで、他にもさまざまなディレクティブが用意されています。

v-bindディレクティブはv-bind:属性名="参照するデータ名"の形で使います。v-bindを使うことでVueインスタンスのデータと属性値を紐付けます。「bind」という名前（bindは「縛る」の意味）から、「属性を束縛する」ともいいます。

sample03.htmlではVueインスタンスに持たせたhrefをhref属性に紐付けています。

図4 sample03.html

```
<div id="app">
  <a v-bind:href="href">Vue.js</a>
</div>
```

図5 sample03.js

```
new Vue({
  el: "#app",
  data: {
    href: "https://jp.vuejs.org"
  }
})
```

　この例では属性名と参照するデータ名は同じにしていますが、同じである必要はありません。例えば参照したいデータ名が link であれば、v-bind:href="link" と書きます。また、Mustache構文と同様、JavaScriptの式も使用可能です。

　なお、v-bind は非常によく使う記法のため、省略形として : が用意されています。「v-bind:属性名="参照するデータ名"」を省略形で書くと「:属性名="参照するデータ名"」となります。

図6 sample04.html

```
<div id="app">
  <a :href="href">Vue.js</a>
</div>
```

class属性

　HTML属性値とデータの紐付けには v-bind:属性名="参照するデータ名"を使うと説明しました。class属性はこの記法に加えて、オブジェクトや配列を指定することができます。

　sample05.html は v-bind:class にオブジェクト、配列を指定する例です。

図7 sample05.html

```
<div id="app">
  <div v-bind:class="{ foo: isFoo, bar: isBar }"></div>
  <div v-bind:class="[bazClass]"></div>
</div>
```

図8 sample05.js

```
new Vue({
  el: "#app",
  data: {
    isFoo: true,
    isBar: false,
    bazClass: "baz"
  }
})
```

v-bind:classでオブジェクトを指定した場合、各プロパティ名が付与されるクラス名となります。それぞれのプロパティ名が付与されるかどうかはそのプロパティの値の真偽で決まります。

例えば sample05.html では isFoo が true、isBar が false のため、付与されるクラス名は「foo」のみとなります。両者が共に true の場合は「foo」「bar」の両方がクラス名として付与されます。

v-bind:classで配列を指定した場合、各配列要素の値が付与されるクラス名となります。sample05.htmlでは「baz」がクラス名として付与されます。

図9 sample05.htmlのレンダリング結果

```html
<div id="app">
  <div class="foo"></div>
  <div class="baz"></div>
</div>
```

条件分岐

条件によって要素の表示を出し分けたい場合はv-ifディレクティブを使います。v-ifディレクティブは値を取り、その値が真と偽どちらに評価されるかで表示の有無が変わります。真であれば表示され、偽であれば非表示となります。

図10 sample06.html

```html
<div id="app">
  <p v-if="inStock">販売中です</p>
</div>
```

図11 sample06.js

```js
new Vue({
  el: "#app",
  data: {
    inStock: true
  }
})
```

図12 sample06.jsの実行結果

```
販売中です
```

JavaScriptのif文のelse ifに相当するv-else-ifディレクティブやelseに相当するv-elseディレクティブも用意されています。v-else-ifディレクティブやv-elseディレクティブは、v-ifディレクティブかv-else-ifディレクティブの直後で使います。

　sample07.htmlではstockの値によって表示される文言が切り替わります。sample07.jsのstockの数値を書き換えてみてください。

図13 sample07.html

```
<div id="app">
  <p v-if="stock > 10">販売中です</p>
  <p v-else-if="stock > 0">販売中です（残りわずか）</p>
  <p v-else>売り切れました</p>
</div>
```

図14 sample07.js

```
new Vue({
  el: "#app",
  data: {
    stock: 5
  }
})
```

図15 sample07.jsの実行結果

```
販売中です（残りわずか）
```

ループ

　配列をループしたい場合はv-forディレクティブを使います。v-forディレクティブを用いて配列をループすることでリスト表示を行うことが可能です。また、オブジェクトのループにも使用できます。

　v-forディレクティブはv-for="配列の要素名 in 配列名"の形で使います。「配列の要素名」を指定することで、配列の各要素を参照できます。

図16 sample08.html

```
<div id="app">
  <ul>
    <li v-for="item in items">
```

```
        {{ item }}
      </li>
    </ul>
</div>
```

図17 sample08.js

```
new Vue({
  el: "#app",
  data: {
    items: ["牛乳", "みかん", "パン"]
  }
})
```

図18 sample08.jsの実行結果

- 牛乳
- みかん
- パン

　なお、描画の効率化のため、v-for ディレクティブを使用する際は🖊key属性という特別な属性を各要素に付与することが必須とされています。keyの属性値はその配列要素の中で一意な値である必要があります。

　sample09.htmlでは、itemsの各要素の値（牛乳、みかん、パン）は一意であるため、keyの属性値としてitemを指定しています。

図19 sample09.html

```
<div id="app">
  <ul>
    <li v-for="item in items" v-bind:key="item">
      {{ item }}
    </li>
  </ul>
</div>
```

　v-forディレクティブを使用する場合はkey属性をセットで使うようにしましょう。

<aside>
POINT

　key属性が必要な理由は、以下のページで解説されています。
https://vuejs.org/v2/style-guide/
index.html#Keyed-v-for-essential

　日本語の解説ページもあります。
https://jp.vuejs.org/v2/style-guide
/index.html#キー付き-v-for-必須
</aside>

イベント処理

クリック、フォームの送信など、イベントが発生した際に何か処理を行いたい場合はv-onディレクティブを使います。v-onディレクティブはv-on:イベント名="行いたい処理"とし、属性値には実行したい処理を指定します。

sample10.htmlでは、ボタンをクリックするとcountの値を1増やします。

図20 sample10.html

```
<div id="app">
  <p>カウント：{{ count }}</p>
  <button v-on:click="count = count + 1">カウント追加</button>
</div>
```

図21 sample10.js

```
new Vue({
  el: "#app",
  data: {
    count: 0
  }
})
```

図22 sample10.jsの実行結果

カウント: 3

カウント追加

methodsオプション

Vueインスタンスにはメソッドを持たせることができ、実行したい処理としてそのメソッドを指定することもできます。

Vueインスタンスにメソッドを持たせるには、Vue関数のオプションオブジェクトのmethodsオプションでメソッドを定義します。methodsオプションはオブジェクトを値に取り、複数のメソッドを定義することができます。

sample11.htmlでは、実行したい処理としてVueインスタンスのaddCountメソッドを指定しています。

図23 sample11.html

```
<div id="app">
  <p> カウント： {{ count }}</p>
  <button v-on:click="addCount"> カウント追加 </button>
</div>
```

図24 sample11.js

```
new Vue({
  el: "#app",
  data: {
    count: 0
  },
  methods: {
    addCount: function() {
      this.count = this.count + 1
    }
  }
})
```

> **📎 memo**
>
> dataオプションに登録されたデータはオプションオブジェクト内ではthis.データ名で参照できます。ここではthis.count + 1をthis.countに代入することにより、countの値を1増やします。

図25 sample11.jsの実行結果

カウント: 3

[カウント追加]

　sample11.htmlをブラウザで開き「カウント追加」をクリックするとカウント数が更新されます。Vue.jsではデータを変更することで、DOMの更新をVue.jsが自動的に行ってくれます。

　v-bindと同様、「v-onもよく使う記法のため、省略形として@が用意されています。」v-on:イベント名="行いたい処理"を省略形で書くと「@イベント名="行いたい処理"」となります。

図26 sample12.html

```
<div id="app">
  <p> カウント： {{ count }}</p>
  <button @click="addCount"> カウント追加 </button>
</div>
```

Vue.jsでアプリを作ってみよう

Lesson 4

04
240 min

THEME
テーマ

「Vue.jsの基本記法を確認しよう」ではVue.jsの基本について確認しました。ここからはVue.jsでTodoアプリを作ってみましょう。

Todoアプリを作ろう

ここではVue.jsを使ってTodoアプリを作ります。Lesson 3では生のJavaScriptのみでTodoアプリを作りましたが、それとの違いを意識しながら進めてください。Todoアプリの完成イメージは次のようになります。

図1 Todoアプリの完成イメージ

サンプルコード

サンプルコードは以下を使用します。normalize.cssはLesson 3のものと同じです。

図2 01/index.html

```
<!DOCTYPE html>
<html lang="ja">
```

```
<head>
  <meta charset="UTF-8" />
  <meta name="viewport" content="width=device-width, initial-scale=1.0" />
  <meta http-equiv="X-UA-Compatible" content="ie=edge" />
  <title>Document</title>
  <link rel="stylesheet" href="css/normalize.css" />
  <link rel="stylesheet" href="css/style.css" />
</head>
<body>
  <div id="wrapper">
    <h1>My Todo</h1>
    <!-- タブ Begin -->
    <div id="tab">
      <div class="tab-list -active"><button> インボックス </button></div>
      <div class="tab-list"><button> 完了したタスク </button></div>
    </div>
    <!-- タブ End -->
    <!-- Todo 入力フォーム Begin -->
    <form id="input-form">
      <div class="input-text">
        <label for="input-text">Todo</label>
        <input
          type="text"
          id="input-text"
          name="todo-text"
          placeholder=" 牛乳を買う "
        />
      </div>
      <div class="submit">
        <button type="submit"> 登録 </button>
      </div>
    </form>
    <!-- Todo 入力フォーム End -->
    <!-- Todo リスト Begin -->
    <table id="todo-table">
      <tbody id="todo-main">
        <tr>
          <td class="cell-done"><label><input type="checkbox" /></label></td>
          <td class="cell-text"> みかんを買う </td>
          <td class="cell-created-at">2019.3.1</td>
        </tr>
      </tbody>
    </table>
    <!-- Todo リスト End -->
  </div>
  <script src="https://cdn.jsdelivr.net/npm/vue@2.6.10/dist/vue.js"></script>
  <script src="script.js"></script>
</body>
```

Todo リストの表示
切り替えタブ

Todo の登録
フォーム

Todo リストの
表示テーブル

JavaScript へのリンク

173

```
</html>
```

図3 01/script.js

```javascript
/** Vue アプリの生成 **/
function createApp() {
  // ここに Vue.js のコードを書く
}


/** 初期化 **/
function initialize() {      ……初期化処理を書く関数
  createApp()
}


document.addEventListener("DOMContentLoaded", initialize.bind(this))      ……初期化の実行
```

図4 normalize.css

```
// 省略（Lesson3 のものと同じ）
```

図5 style.css

```css
@import url("https://fonts.googleapis.com/css?family=Noto+Sans+JP:400|Roboto:400,700&display=swap");


body {
  font-family: "Roboto", "Noto Sans JP", sans-serif;
  -webkit-font-smoothing: antialiased;
  font-size: 14px;
  line-height: 1.5;
  color: #000;
  background: white;
}


*:focus {
  outline: none !important;
}

#wrapper {
  padding: 30px 0;
  margin: 30px 30px;
  border-top: 7px solid #e6e6e6;
  border-bottom: 7px solid #e6e6e6;
}


#wrapper h1 {
  font-size: 30px;
  text-align: center;
  margin: 0;
}
```

ページ全体のレイアウト

```
#tab {
  display: flex;
  width: 100%;
  justify-content: center;
  padding: 0;
  margin: 15px 0 0 0;
  position: relative;
}

#tab::before {
  content: "";
  display: block;
  width: 100%;
  height: 1px;
  border-bottom: 1px solid #e6e6e6;
  position: absolute;
  left: 0;
  bottom: 3px;
}

#tab .tab-list {
  margin: 0 10px;
}

#tab .tab-list.-active button {
  border-bottom: 7px solid #50bdd8;
}

#tab button {
  position: relative;
  background: none;
  border: none;
  padding: 20px 15px;
  text-align: center;
}
```

タブ部分のレイアウト

```
#input-form {
  display: flex;
  width: 100%;
  margin: 30px 0 0 0;
}

#input-form .input-text {
  display: flex;
  width: 100%;
}
```

Todo の入力フォームの指定

```css
#input-form .input-text label {
  line-height: 30px;
  margin: 0 15px 0 0;
}

#input-form .input-text input[type="text"] {
  width: 100%;
  height: 30px;
  padding: 0;
  border: 1px solid #e6e6e6;
  border-radius: 5px 0 0 5px;
  padding: 5px 10px;
  box-sizing: border-box;
}

#input-form .submit {
  display: flex;
  min-width: 50px;
}

#input-form .submit button {
  width: 50px;
  line-height: 30px;
  padding: 0;
  border: none;
  background: #1aaed3;
  color: #fff;
  border-radius: 0 5px 5px 0;
}

#input-form .submit button:disabled {
  cursor: not-allowed;
  opacity: 0.5;
}

#todo-table {
  border-collapse: collapse;
  margin: 30px 0 0 0;
  vertical-align: top;
}

#todo-table tbody tr:nth-of-type(odd) {
  background: #f2f2f2;
}

#todo-table tbody td {
  padding: 10px 10px 10px 0;
  font-weight: normal;
```

Todo リストのテーブルの指定

```
}

#todo-table tbody td:first-child {
  padding: 11px 10px 10px 10px;
  vertical-align: middle;
}

#todo-table tbody td:nth-of-type(2) {
  width: 100%;
}

#todo-table .cell-done input {
  display: none;
}

#todo-table .cell-done label {
  border: 1px solid #bababa;
  border-radius: 3px;
  cursor: pointer;
  display: block;
  width: 16px;
  height: 16px;
  position: relative;
  transition: all 0.7s cubic-bezier(0.23, 1, 0.32, 1);
}

#todo-table .cell-done label.-active {
  background: #50accf url("../img/icon_check.svg") center center no-repeat;
  border: none;
}

@media screen and (min-width: 768px) {
  body {
    font-size: 16px;
    padding: 0 30px;
  }

  #wrapper {
    max-width: 900px;
    margin: 60px auto;
    padding: 30px 0;
  }

  #wrapper h1 {
    font-size: 40px;
  }

  #tab .tab-list {
```

PC閲覧時のレイアウト調整の指定

```
    margin: 0 30px;
  }

  #input-form {
    max-width: 500px;
    margin: 50px auto 0;
  }

  #input-form .input-text label {
    display: flex;
    align-items: center;
    margin: 0 30px 0 0;
  }

  #input-form .input-text input[type="text"] {
    padding: 10px 15px;
    height: 45px;
    line-height: 45px;
  }

  #input-form .submit button {
    width: 80px;
  }
}
```

PC 閲覧時のレイアウト調整の指定

Vue インスタンスの作成

Todo アプリを作っていく前に、Vue インスタンスの作成を行っておきましょう。#wrapper に Vue インスタンスを紐付けます。

図6 02/script.js

```
function createApp() {
  new Vue({
    el: "#wrapper",
    data: {}
  })
}
```

それでは早速作っていきましょう。

Todoリストを表示しよう

Todo リストを Vue インスタンスのデータとして持たせ、リスト表示させてみましょう。

Todo リストは「リスト」のため、Todo の配列としましょう。data オプションに todos を登録します。

図7 01/script.js

```javascript
new Vue({
  el: "#wrapper",
  data: {
    todos: []
  }
})
```

todosは空配列のため、このままだとデータを参照しても何も表示されません。初期値として、1つTodoを持たせてみましょう。Todoに複数の情報を持たせるため、オブジェクトにします。

図8 02/script.js

```javascript
new Vue({
  el: "#wrapper",
  data: {
    todos: [
      {
        id: 1, // 識別用の ID
        text: "みかんを買う", // テキスト
        createdAt: 1567940003455, // 登録日の Unix タイムスタンプ（ミリ秒）
        done: false // タスクが完了したかどうか
      }
    ]
  }
})
```

Todoリストの表示

次に、todos配列をループし、Todoリストとして表示させてみましょう。ループに使用するのはv-forディレクティブです。v-for="todo in todos"とし、各Todoをtodoで参照できるようにします。

168ページ **Lesson4-03**参照。

描画の効率化のため、v-forディレクティブとセットでkey属性も指定します。keyの属性値には一意な値を指定します。todoオブジェクトで一意な値はidのため、todo.idをkeyの属性値として指定しましょう。

text、createdAtについてはそれぞれ適切な場所で値を参照します。

図9 02/index.html

```html
<tr v-for="todo in todos" v-bind:key="todo.id">
  <td class="cell-done"><label><input type="checkbox" /></label></td>
  <td class="cell-text">{{ todo.text }}</td>
  <td class="cell-created-at">{{ todo.createdAt }}</td>
```

```
        </tr>
```

02/index.htmlをブラウザで開くと、todos配列がリスト表示されているのがわかります。

図10 Todoアプリの実行結果

登録日を「年.月.日」の形式に変換

02/index.htmlをブラウザで開くとtodos配列がリスト表示されている一方、登録日の箇所がUnixタイムスタンプ（ミリ秒）のままとなっています。Unixタイムスタンプ（ミリ秒）とは、1970年1月1日から経過した時間（ミリ秒）のことを指します。このままではわかりにくいため、「2019.9.8」のようにわかりやすい形式に変える必要がありそうです。

そこで、登録日のフォーマット用のメソッドとしてformatDateを定義しましょう。メソッドの定義はmethodsオプションで行います。

図11 03/script.js

```
new Vue({
  el: "#wrapper",
  data: {
    todos: [
      {
        id: 1, // 識別用の ID
        text: "みかんを買う", // テキスト
        createdAt: 1567940003455, // 登録日の Unix タイムスタンプ（ミリ秒）
        done: false // タスクが完了したかどうか
      }
```

```
      ]
    },
    methods: {
      formatDate: function(timestamp) {
        // 引数の timestamp から Date オブジェクトを生成
        const date = new Date(timestamp)

        // date から年、月、日を取得
        const year = date.getFullYear()
        const month = date.getMonth() + 1
        const day = date.getDate()

        // 「年.月.日」の形式で日付を返す
        return year + "." + month + "." + day
      }
    }
})
```

　formatDate では引数として timestamp を受け取ります。timestamp は登録日の Unix タイムスタンプ（ミリ秒）です。それをもとに作成日の Date オブジェクトを生成し、date に代入します。date から作成日の年、月、日をそれぞれ取得し、「年.月.日」の形式に変換して返り値として返します。getMonth() の返り値は0〜11である（0は1月、11は12月を表す）ため、month への代入時に1を足していることに注意してください🔹。

74ページ **Lesson2-01**参照。

　03/index.html では定義した formatDate を使って、登録日を「年.月.日」の形式に変換します。

図12 03/index.html

```
<tr v-for="todo in todos" v-bind:key="todo.id">
  <td class="cell-done"><label><input type="checkbox" /></label></td>
  <td class="cell-text">{{ todo.text }}</td>
  <td class="cell-created-at">{{ formatDate(todo.createdAt) }}</td>
</tr>
```

　これで Todo リストの表示ができました。

図13 日付の表示形式が変わった

Todoリストをフィルタリングしよう

Todoリストには「インボックス」「完了したタスク」の2つのタブが用意されています。これらのタブをクリックすることで、表示するTodoを切り替えるようにしてみましょう。「インボックス」では未完了のTodo、「完了したタスク」では完了のTodoに絞り込んで表示します。

フィルタリングの実装前にtodos配列の要素を増やしておきましょう。doneがtrueのものとfalseのもの、両方が含まれるようにします。doneがtrueであれば完了、falseであれば未完了を表します。

図14 01/script.js

```
new Vue({
  el: "#wrapper",
  data: {
    todos: [
      {
        id: 1, // 識別用の ID
        text: "みかんを買う", // テキスト
        createdAt: 1567940003455, // 登録日の Unix タイムスタンプ（ミリ秒）
        done: false // タスクが完了したかどうか
      },
      {
        id: 2,
        text: "郵便物を出す",
```

```
      createdAt: 1567940003455,
      done: false
    },
    {
      id: 3,
      text: "2km 走る ",
      createdAt: 1567940003455,
      done: true
    }
  ]
},
……中略……
})
```

図15 Todoリストが増えた

フィルタリング用のデータの追加

次に、フィルタリング用のデータとしてfilterをdataオプションに登録しましょう。filterの値によって、現在表示すべきTodoが未完了か完了かを判別できるようにします。filterの値には「inbox」か「completed」が入るようにします。

図16 filterの値

	インボックス	完了したタスク
Todo の状態	未完了	完了
filter の値	inbox	completed

183

図17 02/script.js

```
new Vue({
  el: "#wrapper",
  data: {
    filter: "inbox",
    ……中略……
  },
  ……中略……
})
```

図18 処理の流れ

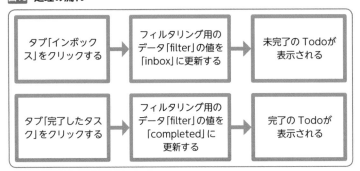

Todoリストのフィルタリング

それではTodoリストのフィルタリングを行っていきましょう。filterの値に応じて表示するTodoを切り替えます。

まずは現時点のTodoリストの表示を確認してみましょう。Todoリストのループはv-for="todo in todos"となっており、todos配列のすべてのTodoを表示しています。

図19 02/index.html

```
<tr v-for="todo in todos" v-bind:key="todo.id">
  <td class="cell-done"><label><input type="checkbox" /></label></td>
  <td class="cell-text">{{ todo.text }}</td>
  <td class="cell-created-at">{{ formatDate(todo.createdAt) }}</td>
</tr>
```

フィルタリングされたTodoリストを表示するためには、v-for="todo in フィルタリングされたtodos"となる必要があります。Vue.jsでは「フィルタリングされたtodos」のように、dataオプションに登録したデータを用いて別のデータを算出したい場合のためにcomputedオプションを用意しています。

computedオプション

computedオプションは算出プロパティを登録するためのオプションです。算出プロパティはdataオプションに登録したデータを用いて算出したデータのことを指します（computeは「計算する、算出する」の意味）。

computedオプションはdataオプションと同様に、Vueインスタンス作成時のオプションオブジェクトで指定します。computedオプションはオブジェクトを値に取るため、複数のデータを登録可能です。

dataオプションのデータとの違いとして、computedオプションの算出プロパティは関数を値に取ります。関数は参照したいデータを返り値として返すようにします。

例えば、Todoリストの個数を返すtodosLengthという算出プロパティを登録するには次のようになります。

図20 03/script.js

```javascript
new Vue({
  el: "#app",
  data: {
    todos: [
      ……中略……
    ]
  },
  computed: {
    todosLength: function() {
      return this.todos.length
    }
  }
})
```

算出プロパティはdataオプションのデータと同様、そのプロパティ名で参照できます。todosLengthであれば{{ todosLength }}で参照可能です。{{ todosLength() }}のように、関数呼び出しとする必要はありません。

また、computedオプションと同じく関数を値に取るオプションにmethodsオプションがありました。dataオプションのデータを用いて別のデータを算出したい場合はcomputedオプションを使います。それ以外の処理を定義する場合はmethodsオプションを使います。なお、todosLengthをmethodsに定義することも可能ですが、computedオプションの各算出プロパティの値はキャッシュされるという特徴があるため、ここでは算出プロパティとす

るのが望ましいです。

　それでは「フィルタリングされたtodos」を算出プロパティとして登録してみましょう。プロパティ名はfilteredTodosとします。

図21 **04/index.html**

```
<tr v-for="todo in filteredTodos" v-bind:key="todo.id">
  <td class="cell-done"><label><input type="checkbox" /></label></td>
  <td class="cell-text">{{ todo.text }}</td>
  <td class="cell-created-at">{{ formatDate(todo.createdAt) }}</td>
</tr>
```

図22 **04/script.js**

```
new Vue({
  el: "#wrapper",
  data: {
    filter: "inbox",
    todos: [
      ……中略……
    ],
  },
  computed: {
    ……中略……
    filteredTodos: function() {
      const filter = this.filter
      return this.todos.filter(function(todo) {
        return filter === "completed" ? todo.done : !todo.done
      })
    }
  },
  ……中略……
})
```

　filteredTodosでは、 ❗this.todos.filter()でTodoのフィルタリングを行っています。this.todos.filter()のコールバック関数内のthisはwindowオブジェクトを表すため、前もってthis.filterの値を変数filterに代入している点に注意してください。

　ここではfilterが「completed」であればtodo.doneがtrueのもの、すなわち完了のTodoを返します。filterが「completed」でなければtodo.doneがfalseのもの、すなわち未完了のTodoを返します。

　04/index.htmlをブラウザで開いて表示を確認してみましょう。

! **POINT**

オブジェクト内でthisキーワードを使うと、そのオブジェクト自身を参照することができます。

オプションオブジェクト内ではthisはオプションオブジェクト自身を指しますが、コールバック関数内のthisはwindowオブジェクトという別のオブジェクトを参照してしまいます。this.todos.filter()のコールバック関数内でthis.filter を参照しようとしても、window オブジェクトは filter プロパティを持たないため、undefined となってしまいます。

図23 todo.doneがfalseのもののみ表示（filter: "inbox"）

04/script.jsのfilter: "inbox"の値を"completed"に書き換えてみて、
動作するか試してみます。

図24 todo.doneがtrueのもののみ表示（filter: "completed"）

また、完了したTodoの場合は、Todoリストの各行のチェックボックスにチェックが入った状態で表示されるようにしておきましょう。v-bind:classを使ってtodo.doneがtrue、つまりTodoが完了の場合は「-active」というクラス名を付与するようにします。

図25 05/index.html

```
<tr v-for="todo in filteredTodos" v-bind:key="todo.id">
  <td class="cell-done">
    <label v-bind:class="{ '-active': todo.done }"><input type="checkbox" /></label>
  </td>
  <td class="cell-text">{{ todo.text }}</td>
  <td class="cell-created-at">{{ formatDate(todo.createdAt) }}</td>
</tr>
```

図26 チェックボックスにチェックが反映された(filter: "completed")

filter: "completed" の表示が確認できたら、filter: "inbox" に戻し
ておきましょう。

タブによる filter の切り替え

filterの値によってTodoリストのフィルタリングを行えるよう
になりました。最後に2つのタブ「インボックス」「完了したタスク」
でfilterの値を切り替えられるようにしてみましょう。

filterを切り替えるためのメソッドとしてsetFilterをmethods
オプションに定義します。setFilterはfilterを引数に取り、this.
filterの値を書き換えます。

図27 06/script.js

```
new Vue({
  ……中略……
  methods: {
    ……中略……
    setFilter: function(filter) {
      this.filter = filter
    }
```

```
  }
})
```

setFilter を定義したら、タブのクリック時に setFilter を実行するようにしましょう。「インボックス」をクリックした際は「inbox」、「完了したタスク」をクリックした際は「completed」を setFilter の引数として渡します。

また、表示中のタブの .tab-list に .-active を付与し、表示中のタブであることがわかるようにします。

図28 06/index.html

```html
<div id="tab">
  <div
    class="tab-list"
    v-bind:class="{ '-active': filter === 'inbox' }"
  >
    <button v-on:click="setFilter("inbox")"> インボックス </button>
  </div>
  <div
    class="tab-list"
    v-bind:class="{ '-active': filter === 'completed' }"
  >
    <button v-on:click="setFilter("completed")"> 完了したタスク </button>
  </div>
</div>
```

これで filter を切り替えられるようになりました。06/index. html をブラウザで開き、2 つのタブをクリックして挙動を確認してみてください。

図29　タブをクリックして切り替える

Todoの状態を切り替えよう

「Todoリストをフィルタリングしよう」では2つのタブ「インボックス」と「完了したタスク」によって、Todoリストのフィルタリングを行えるようにしました。

ここでは、Todo単体の状態を切り替えられるようにしましょう。Todoリストの各行にはチェックボックスが用意されています。Todoの完了・未完了をこのチェックボックスで切り替えられるようにします。

図30 Todoリストの各行のチェックボックス

図31 処理の流れ

切り替え用のメソッドの定義

Todoの完了・未完了の切り替え用のメソッドとして、toggleTodoを定義しましょう。

図32 01/script.js

```
new Vue({
  ……中略……
  methods: {
    ……中略……
    toggleTodo: function(id) {
      this.todos = this.todos.map(function(todo) {
        // 引数の id を持つ todo の done を逆にする
        if (todo.id === id) {
          todo.done = !todo.done
        }
        return todo
      })
```

```
    }
  }
})
```

toggleTodo は引数に Todo の id を取り、新しい todos 配列を作成して this.todos に代入します。this.todos.map では todos の各要素を todo として取り出します。そして、引数の id と同じ id を持つ todo の done の真偽値を逆にします。true は Todo の完了を、false は Todo の未完了を表します。真偽値を逆にすることによって、Todo の完了／未完了を切り替えます。

38ページ **Lesson2-04**参照。

図33 01/index.html

```html
<tr v-for="todo in filteredTodos" v-bind:key="todo.id">
  <td class="cell-done">
    <label v-bind:class="{ '-active': todo.done }">
      <input type="checkbox" v-on:click="toggleTodo(todo.id)"/>
    </label>
  </td>
  <td class="cell-text">{{ todo.text }}</td>
  <td class="cell-created-at">{{ formatDate(todo.createdAt) }}</td>
</tr>
```

01/index.html をブラウザで開き、チェックボックスをクリックしてみましょう。「インボックス」の Todo が「完了したタスク」に移動するはずです。

図34 チェックすると「完了した」タスクに移動する

一方、「完了したタスク」の Todo のチェックボックスをクリックすると、未完了の状態に戻すことができます。

Todoを追加しよう

「Todoの状態を切り替えよう」ではTodoの完了・未完了を切り替えられるようにしました。

ここではTodoを追加できるようにしましょう。

Todoの追加は登録フォームから行います。登録フォームではTodoの内容を設定するためのテキストフィールドが用意されています。テキストフィールドに入力を行い、「登録」ボタンをクリックしたとき、新しいTodoが追加されるようにしていきます。

図35 登録フォーム

図36 処理の流れ

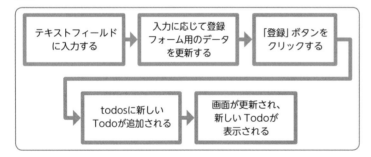

登録フォーム用のデータ

まず、登録フォームのテキストフィールド用のデータとしてtextをdataオプションに登録します。テキストフィールドに入力した内容をtextで管理します。

図37 01/script.js

```
new Vue({
  ……中略……
  data: {
    ……中略……
    text: ""
  },
```

```
……中略……
})
```

次に、textをテキストフィールドのvalue属性に紐付けましょう。v-bindを使います。

図38 01/index.html

```html
<form id="input-form">
  <div class="input-text">
    <label for="input-text">Todo</label>
    <input
      type="text"
      id="input-text"
      name="todo-text"
      placeholder=" 牛乳を買う "
      v-bind:value="text"
    />
  </div>
  <div class="submit">
    <button type="submit"> 登録 </button>
  </div>
</form>
```

これでtextがvalue属性に紐付けられるようになりました。text
は空文字のため、現在はテキストフィールドは空のままです。こ
の状態でテキストフィールドに入力を行うと、ブラウザ上は値が
変化しているように見えますが、text側にはデータの変更が反映
されていません。HTMLに {{ text }} を追加して、textの内容を確認
してみましょう。

図39 02/index.html

```html
<form id="input-form">
  <div class="input-text">
    <label for="input-text">Todo</label>
    <input
      type="text"
      id="input-text"
      name="todo-text"
      placeholder=" 牛乳を買う "
      v-bind:value="text"
    />
  </div>
  <div class="submit">
    <button type="submit"> 登録 </button>
  </div>
```

```
</form>
<div>text: {{ text }}</div>
```

図40 テキストフィールドに入力してもtextは変わらない

これはtextをvalue属性側に一方的に紐付けているだけであり、
テキストフィールドの変更をtext側に反映する処理を行っていな
いためです。それでは、テキストフィールドの変更をtext側に反
映するようにしましょう。

テキストフィールドの変更をデータに反映する

テキストフィールドの変更を検知するにはinputイベントを使
います。inputイベントはテキストフィールドの値が変更された際
に発生するイベントです。このイベントを使って、イベント発生
時にtextの値を更新するようにしてみましょう。handleInputを
methodsオプションに定義します。

図41 03/script.js

```
new Vue({
  ……中略……
  methods: {
    ……中略……
    handleInput: function(event) {
      this.text = event.target.value
    }
  }
})
```

handleInputはイベントオブジェクトeventを引数に取ります。

テキストフィールドに入力した値はevent.target.valueで取得できます。これをtextに設定します。

定義したhandleInputをinputイベント発生時の処理としてテキストフィールドに設定しましょう。v-on:inputを使います。

図42 **03/index.html**

```html
<form id="input-form">
  <div class="input-text">
    <label for="input-text">Todo</label>
    <input
      type="text"
      id="input-text"
      name="todo-text"
      placeholder=" 牛乳を買う "
      v-bind:value="text"
      v-on:input="handleInput"
    />
  </div>
  <div class="submit">
    <button type="submit"> 登録 </button>
  </div>
</form>
<div>text: {{ text }}</div>
```

これでテキストフィールドの変更を検知して、textが更新されるようになりました。textの更新が確認できたら、<div>text: {{ text }}</div> は消しておきましょう。

図43 **テキストフィールドの変更がtextに反映されるようになった**

v-modelディレクティブで反映と紐付けを効率化

ここまでに、textをvalue属性に紐付け、テキストフィールドの変更をhandleInputを用いてtextに反映する、ということを行いました。Vue.jsでフォームを扱っていると、上記のように、デー

タをフォーム要素に紐付け、フォーム要素の変更をデータに反映する、といったことはよく行われます。そのため、その扱いを簡単にするためにv-modelディレクティブという特別なディレクティブが用意されています。v-modelディレクティブはデータのフォーム要素への紐付けと、フォーム要素の変更のデータへの反映、その両方を行ってくれます。

図44 v-bind／v-on:inputはv-modelに置き換えられる

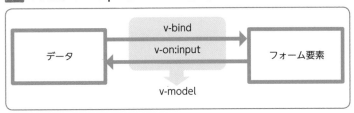

03/index.html をv-modelディレクティブを使って書き換えると以下のようになります。

図45 04/index.html

```
<form id="input-form">
  <div class="input-text">
    <label for="input-text">Todo</label>
    <input
      v-model="text"
      type="text"
      id="input-text"
      name="todo-text"
      placeholder=" 牛乳を買う "
    />
  </div>
  <div class="submit">
    <button type="submit"> 登録 </button>
  </div>
</form>
```

v-model="text" を追加し、その代わりにv-bindやv-on:inputといった記述が不要になりました。v-on:inputの削除に伴い、03/script.jsのhandleInput も削除します。

v-modelディレクティブが行っていることは先ほど私たちが行ったことと同じですが、イベント発生時の処理の定義を自分で行う必要もなく、より少ない記述量で書くことができます。

フォーム送信時の処理

次はフォーム送信時の処理を実装しましょう。送信時の処理として handleSubmit メソッドを methods オプションに定義します。

図46 **05/index.html**

```
<form id="input-form" v-on:submit="handleSubmit">
  <div class="input-text">
    <label for="input-text">Todo</label>
    <input
      v-model="text"
      type="text"
      id="input-text"
      name="todo-text"
      placeholder="牛乳を買う"
    />
  </div>
  <div class="submit">
    <button type="submit">登録</button>
  </div>
```

図47 **05/script.js**

```
new Vue({
  ……中略……
  methods: {
    ……中略……
    handleSubmit: function(event) {
      event.preventDefault()

      // ここに送信時の処理を書く
    }
  }
})
```

送信時の処理 handleSubmit ではイベントオブジェクト event を引数に取り、event.preventDefault() を呼び出しています。event.preventDefault() はイベント発生時のデフォルトの挙動が起こらないようにします。これにより送信時のページのリロードを防止します。

event.preventDefault はイベント処理でよく使われるため、より簡単に実行するための方法が Vue.js では用意されています。それが .prevent です。.prevent はイベント修飾子と呼ばれるものの1つで、v-on ディレクティブとセットで使い、v-on ディレクティブの後ろに付与します。

.prevent の使用により、handleSubmit 内では event.prevent() を

呼び出す必要はありません。

図48 **06/index.html**

```html
<form id="input-form" v-on:submit.prevent="handleSubmit">
  <div class="input-text">
    <label for="input-text">Todo</label>
    <input
      v-model="text"
      type="text"
      id="input-text"
      name="todo-text"
      placeholder=" 牛乳を買う "
    />
  </div>
  <div class="submit">
    <button type="submit"> 登録 </button>
  </div>
</form>
```

図49 **06/script.js**

```js
new Vue({
  ……中略……
  methods: {
    ……中略……
    handleSubmit: function() {      ……preventDefault が省略可能になった
      // ここに送信時の処理を書く
    }
  }
})
```

　それでは、フォーム送信時のTodoの追加を行うようにしてみましょう。

図50 **07/script.js**

```js
new Vue({
  ……中略……
  methods: {
    handleSubmit: function() {
      // テキストフィールドの内容をもとに Todo を追加する
      this.addTodo(this.text)

      // テキストフィールドを空にする
      this.text = ""
    },
    addTodo: function(text) {
      this.todos.push({
```

> **memo**
> methodオプションに登録されたメソッドはオプションオブジェクト内ではthis.メソッド名で参照できます。

```
      id: this.todosLength + 1,
      text: text,
      createdAt: Date.now(),
      done: false
    })
  }
}
})
```

handleSubmitではTodoの追加処理と、入力したテキストフィールドのリセットを行っています。Todoの追加処理は別のメソッドaddTodoとして切り出しています。

addTodoはtodos配列に新しいオブジェクトを追加しています。引数のtextは新しいTodoのtextにセットします。識別用のidの生成は簡易的なものとし、現在のtodosの個数+1となるようにしました。これにより、次に新しく登録するTodoのidは4となります。登録日のcreatedAtではDate.nowを呼び出しています。Date.nowは現在時刻のUnixタイムスタンプ（ミリ秒）を取得するDateオブジェクトのメソッドです。

07/index.htmlをブラウザで開いて実行してみてください。新しいTodoを追加できるようになっているはずです。

図51 新しいTodoを追加できるようになった

テキストフィールドが空の場合の処理

最後に、テキストフィールドが空の場合は送信ボタンを押せないようにしておきましょう。textが空文字であれば、送信ボタンを押せなくするようにしておけばよさそうです。

登録ボタンの有効・無効を判別するためのdisabledを算出プロパティとして登録します。

memo
　computedオプションに登録された算出プロパティはオプションオブジェクト内ではthis.算出プロパティ名で参照できます。

図52 08/script.js

```
new Vue({
  ……中略……
  computed: {
    ……中略……
    disabled: function() {
      return this.text === ""
    }
  },
  ……中略……
})
```

図53 08/index.html

```
<form id="input-form" v-on:submit.prevent="handleSubmit">
  <div class="input-text">
    <label for="input-text">Todo</label>
    <input
      v-model="text"
      type="text"
      id="input-text"
      name="todo-text"
      placeholder="牛乳を買う"
    />
  </div>
  <div class="submit">
    <button type="submit" v-bind:disabled="disabled">登録</button>
  </div>
</form>
```

　これでtextが空の場合は送信ボタンを押せなくなりました。

図54 未入力時はボタンが押せなくなった

My Todo

インボックス　　　　完了したタスク

Todo　　牛乳を買う　　　　　　　　　　　　登録

☐ みかんを買う　　　　　　　　　　　　　　　　2019.9.8
☐ 郵便物を出す　　　　　　　　　　　　　　　　2019.9.8

Todoを編集しよう

「Todoを追加しよう」ではTodoの追加を行えるようにしました。
ここでは登録済みのTodoを編集できるようにしましょう。

図55 処理の流れ

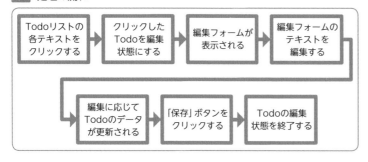

Todoに編集中かどうかのデータを持たせる

　Todoリストの各テキストをクリックしたとき、そのTodoを編集中にし、Todoのデータの編集を行えるようにします。

　まず、編集中かどうかを判別するためのデータとして、isEditingを各Todoオブジェクトに持たせましょう。

　addTodoで追加するTodoにもisEditingを持たせるようにします。

図56 01/script.js

```
new Vue({
  ……中略……
  data: {
    filter: "inbox",
    todos: [
      {
        id: 1, // 識別用の ID
        text: "みかんを買う", // テキスト
        createdAt: 1567940003455, // 登録日の Unix タイムスタンプ（ミリ秒）
        done: false, // タスクが完了したかどうか
        isEditing: false // 編集中かどうか
      },
      {
        id: 2,
        text: "郵便物を出す",
        createdAt: 1567940003455,
        done: false,
        isEditing: false    ……追加
      },
      {
        id: 3,
        text: "2km 走る",
        createdAt: 1567940003455,
        done: true,
        isEditing: false    ……追加
      }
    ],
    text: ""
  },
  methods: {
    ……中略……
    addTodo: function(text) {
      this.todos.push({
        id: this.todos.length + 1,
        text: text,
        createdAt: Date.now(),
        done: false,
        isEditing: false    ……追加
      })
    }
  }
})
```

これで、各 Todo が現在編集中かどうかを判別できるようにな
りました。次に、各行のテキストをクリックした際にその Todo を
編集中にするようにしてみましょう。editTodo を定義し、Todo の

isEditingがtrueになるようにします。

また、{{ todo.isEditing }}を使って、isEditingがtrueに変わることを確認しておきましょう。

図57 02/index.html

```
<tr v-for="todo in filteredTodos" v-bind:key="todo.id">
  <td class="cell-done">
    <label v-bind:class="{ '-active': todo.done }">
      <input type="checkbox" v-on:click="toggleTodo(todo.id)" />
    </label>
  </td>
  <td class="cell-text" v-on:click="editTodo(todo.id)">{{ todo.text }}</td>
  <td class="cell-created-at">{{ formatDate(todo.createdAt) }}</td>
  <td>{{ todo.isEditing }}</td>
</tr>
```

図58 02/script.js

```
new Vue({
  ……中略……
  methods: {
    ……中略……
    editTodo: function(id) {
      this.todos = this.todos.map(function(todo) {
        // 引数の id を持つ todo を編集中にする
        if (todo.id === id) {
          todo.isEditing = true
        }
        return todo
      })
    }
  }
})
```

editTodoは引数にTodoのidを取り、新しいtodos配列を作成してthis.todosに代入します。this.todos.mapではtodosの各要素をtodoとして取り出し、引数のidと同じidを持つtodoのisEditingをtrueにします。

図59 Todoのテキストをクリックするとtrueと表示される

My Todo

インボックス　　　完了したタスク

Todo　　牛乳を買う　　　　　　　　　　　登録

☐　みかんを買う　　　　　　　　　　　　　　　2019.9.8　true

☐　郵便物を出す　　　　　　　　　　　　　　　2019.9.8　false

　isEditing が true に変わることを確認したら、<td>{{ todo.isEditing }}</td> は消しておきましょう。

編集フォームの表示

　isEditing が true、すなわち編集中の Todo はテキストではなく編集フォームを表示するようにしましょう。v-if ディレクティブを使って条件分岐させましょう。

　isEditing が true であれば、todo.text を表示する代わりにテキストフィールドを表示します。

図60 03/index.html

```html
<tr v-for="todo in filteredTodos" v-bind:key="todo.id">
  <td class="cell-done">
    <label v-bind:class="{ '-active': todo.done }">
      <input type="checkbox" v-on:click="toggleTodo(todo.id)" />
    </label>
  </td>
  <td class="cell-text" v-if="todo.isEditing"><input /></td>
  <td class="cell-text" v-else v-on:click="editTodo(todo.id)">
    {{ todo.text }}
  </td>
  <td class="cell-created-at">{{ formatDate(todo.createdAt) }}</td>
</tr>
```

　これで、編集中のTodoでは編集フォームが表示されるようになりました。編集フォームではTodoの編集を行いたいため、v-modelディレクティブを使ってデータを紐付けましょう。v-modelディレクティブにより、編集した内容がTodoに自動的に反映されます。

図61 04/index.html

```
<tr v-for="todo in filteredTodos" v-bind:key="todo.id">
  <td class="cell-done">
    <label v-bind:class="{ '-active': todo.done }">
      <input type="checkbox" v-on:click="toggleTodo(todo.id)" />
    </label>
  </td>
  <td class="cell-text" v-if="todo.isEditing"><input v-model="todo.text" /></td>
  <td class="cell-text" v-else v-on:click="editTodo(todo.id)">
    {{ todo.text }}
  </td>
  <td class="cell-created-at">{{ formatDate(todo.createdAt) }}</td>
</tr>
```

　「Todoの状態を切り替えよう」ではtoggleTodoを用いてtodo.doneの状態を切り替えましたが、v-modelディレクティブを使うことも可能です。

図62 05/index.html

```
<tr v-for="todo in filteredTodos" v-bind:key="todo.id">
  <td class="cell-done">
    <label v-bind:class="{ '-active': todo.done }">
      <input v-model="todo.done" type="checkbox" />
    </label>
  </td>
  <td class="cell-text" v-if="todo.isEditing"><input v-model="todo.text" /></td>
  <td class="cell-text" v-else v-on:click="editTodo(todo.id)">
    {{ todo.text }}
  </td>
  <td class="cell-created-at">{{ formatDate(todo.createdAt) }}</td>
</tr>
```

　05/index.htmlをブラウザで開き、テキストをクリックしてみましょう。クリックした行が編集フォームに変わり、テキストの内容がフォームの値として反映されています。

図63 テキストをクリックすると編集フォームに変わる

My Todo

インボックス　　　完了したタスク

Todo　　牛乳を買う　　　　　　　　　　　　　　　登録

☐　みかんを買う　　　　　　　　　　　　　　　　2019.9.8
☐　郵便物を出す　　　　　　　　　　　　　　　　2019.9.8

編集状態の終了

isEditingで編集フォームを表示できましたが、このままでは編集状態を終了させることができません。そこで、isEditingがtrueの場合に、テキストフィールドに加えて「保存」ボタンを表示するようにしてみましょう。そして、「保存」ボタンをクリックしたときにisEditingをfalseにし、編集状態を終了させるようにします。編集状態を終了させるメソッドとして、saveTodoを定義します。

図64 06/index.html

```html
<tr v-for="todo in filteredTodos" v-bind:key="todo.id">
  <td class="cell-done">
    <label v-bind:class="{ '-active': todo.done }">
      <input v-model="todo.done" type="checkbox" />
    </label>
  </td>
  <td class="cell-text" v-if="todo.isEditing">
    <input v-model="todo.text" />
    <button v-on:click="saveTodo(todo.id)"> 保存 </button>
  </td>
  <td class="cell-text" v-else v-on:click="editTodo(todo.id)">
    {{ todo.text }}
  </td>
  <td class="cell-created-at">{{ formatDate(todo.createdAt) }}</td>
</tr>
```

図65 06/script.js

```javascript
new Vue({
  ……中略……
  methods: {
    ……中略……
    saveTodo: function(id) {
      this.todos = this.todos.map(function(todo) {
        // 引数の id を持つ todo の編集を終了する
        if (todo.id === id) {
          todo.isEditing = false
        }
        return todo
      })
    }
  }
})
```

編集フォームの「保存」ボタンをクリックするとsaveTodoを実行するようにしました。saveTodoでは引数のidと同じidを持つTodoのisEditingをfalseにし、編集フォームの状態を終了します。

図66 「保存」ボタンで編集を反映できるようになった

Lesson4ではVue.jsの基本について学習しました。Vue.jsの概要や基本構文を確認し、実際にVue.jsを使ってTodoアプリを作成しました。Vue.jsの基本的な機能を組み合わせることで、このようなアプリを作れることを実感いただけたのではないかと思います。本章の復習も兼ねて、ぜひいろいろなアプリをVue.jsで作ってみてください。

Vue.jsをWebサイトに組み込む

Vue.jsはTodoアプリだけでなく、Webページのさまざまな UIの作成に活用することができます。ここではタブパネル、モーダル、ハンバーガーメニュー、スライドビューアーをVue.jsで作成してみます。また、Vue.jsのプラグインの利用方法についても見てみましょう。

基本 アプリ制作 Vue.js

よくあるUIをVue.jsで作ってみよう

THEME
テーマ

ここからは前章で学んだ内容をもとに、よくあるUIを Vue.js で作っていきます。
採り上げるのはタブ、モーダル、ハンバーガーメニューの3つです。

タブパネルを作ってみよう

「タブパネル」を作ってみましょう。「タブパネル」はタブをクリックして切り替えることで、表示されるコンテンツが変わるUIです。

図1 作成する タブパネルの完成形

サンプルコード

サンプルコードは以下を使用します。normalize.css は Lesson 3 のものと同じです。

図2 tab.html

```
<!DOCTYPE html>
<html lang="ja">
```

```html
<head>
  <meta charset="UTF-8">
  <link rel="stylesheet" href="css/normalize.css">
  <link rel="stylesheet" href="css/style.css">
  <title>Title</title>
</head>
<body>
<div id="app">
  <div id="wrapper">
    <h1>Tab List</h1>

    <div id="tab">
      <div class="tab-list">
        <button> タブ 1</button>
      </div>
      <div class="tab-list">
        <button> タブ 2</button>
      </div>
      <div class="tab-list">
        <button> タブ 3</button>
      </div>
    </div>
    <div id="content">
      これはタブ 1 のコンテンツです。これはタブ 1 のコンテンツです。これはタブ 1 のコンテンツです。
    </div>
  </div>
</div>
<script src="https://cdn.jsdelivr.net/npm/vue/dist/vue.js"></script>
<script src="tab.js"></script>
</body>
</html>
```

タブの
マークアップ

JavaScript
へのリンク

図3　tab.js

```js
/** Vue アプリの生成 **/
function createApp() {
  // ここに Vue.js のコードを書く
}

/** 初期化 **/
function initialize() {      ……初期化処理を書く関数
  createApp()
}

document.addEventListener("DOMContentLoaded", initialize.bind(this))      ……初期化の実行
```

211

図4 **normalize.css**

```
// 省略（Lesson 3 のものと同じ）
```

図5 **style.css**

```
@import url("https://fonts.googleapis.com/css?
family=Noto+Sans+JP:400|Roboto:400,700&display=swap");

body {
  font-family: 'Roboto', 'Noto Sans JP', sans-serif;
  -webkit-font-smoothing: antialiased;
  font-size: 14px;
  line-height: 1.5;
  color: #000;
  background: white;
}

*:focus {
  outline: none !important;
}

#wrapper {
  padding: 30px 0;
  margin: 30px 30px;
  border-top: 7px solid #E6E6E6;
  border-bottom: 7px solid #E6E6E6;
}

#wrapper h1 {
  font-size: 30px;
  text-align: center;
  margin: 0;
}

#tab {
  display: flex;
  width: 100%;
  justify-content: center;
  padding: 0;
  margin: 15px 0 0 0;
  position: relative;
}

#tab:before {
  content: '';
  display: block;
  width: 100%;
```

ページ全体のレイアウト

タブのデザインの指定

```css
  height: 1px;
  border-bottom: 1px solid #e6e6e6;
  position: absolute;
  left: 0;
  bottom: 3px;
}

#tab .tab-list {
  margin: 0 10px;
}

#tab .tab-list.-active button {
  border-bottom: 7px solid #50BDD8;
}

#tab button {
  position: relative;
  background: none;
  border: none;
  padding: 20px 15px;
  text-align: center;
  cursor: pointer;
}

#content {
  display: flex;
  width: 100%;
  margin: 30px 0 0 0;
}
```

タブの内容のレイアウト

```css
@media screen and (min-width: 768px) {
  body {
    font-size: 16px;
    padding: 0 30px;
  }

  #wrapper {
    max-width: 900px;
    margin: 60px auto;
    padding: 30px 0;
  }

  #wrapper h1 {
    font-size: 40px;
  }

  #tab .tab-list {
    margin: 0 30px;
```

PC 閲覧時のレイアウト調整の指定

```
    }

  #content {
    max-width: 500px;
    min-height: 300px;
    margin: 50px auto 0;
  }
}
```

タブデータの定義

　タブリストを作るにあたって、タブリストのデータをtabsとして data 内に追加しましょう。

　このデータには、タブリストに表示する名前、クリックしたときに表示されるコンテンツを含めます。また、v-for で key 属性◯ に設定する id も含めます。

169ページ　**Lesson4-03**参照。

図6 tab.js

```
/** Vue アプリの生成 **/
function createApp() {
  new Vue({
    el: "#app",
    data: {
      // タブ情報を定義する
      tabs: [
        {
          id: 1,
          name: "タブ1",
          content: "これはタブ1のコンテンツです。これはタブ1のコンテンツです。これはタブ1のコンテンツです。"
        },
        {
          id: 2,
          name: "タブ2",
          content: "これはタブ2のコンテンツです。これはタブ2のコンテンツです。これはタブ2のコンテンツです。"
        },
        {
          id: 3,
          name: "タブ3",
          content: "これはタブ3のコンテンツです。これはタブ3のコンテンツです。これはタブ3のコンテンツです。"
        },
        {
          id: 4,
          name: "タブ4",
          content: "これはタブ4のコンテンツです。これはタブ4のコンテンツです。これはタブ4のコンテンツです。"
        }
      ]
    },
```

```
  })
}
```

タブリストの表示

続いて、定義したデータをもとにv-forディレクティブ◯を使用
してタブリストを表示します。

168ページ Lesson4-03参照。

key属性には tab.id を指定します。

図7 tab.html

```
<div id="app">
  <div id="wrapper">
    <h1>Tab List</h1>

    <div id="tab">
      <div
        v-for="(tab, index) in tabs"
        :key="tab.id"
        class="tab-list"
      >
        <button>{{ tab.name }}</button>
      </div>
    </div>
    <div id="content">
      これはタブ1のコンテンツです。これはタブ1のコンテンツです。これはタブ1のコンテンツです。
    </div>
  </div>
</div>
```

key属性を Lesson 4 では v-bind:key と書いていたのに、ここで
は :key と見慣れない書き方に変わっていますね。

Vue.js では v-bind: を : と省略して書くことができるようになっ
ています◯。このように、よく使うディレクティブについては省
略記法が用意されているので、ぜひ覚えて活用してみてください。

166ページ Lesson4-03参照。

一度ブラウザで確認してみましょう。次のようにタブが表示さ
れていれば成功です。

図8 タブリストの表示

タブのコンテンツを表示

　続いて、現在開いているタブのコンテンツを表示しましょう。

　まず表示するにあたって、現在表示しているタブはどれか？という情報を data に持たせる必要があります。

　その情報を currentTabIndex として定義しましょう。ここには現在開いている tab データの tabs 配列内での index を保持させます。また、初期値は配列の一番目のインデックスである 0 とします。

図9　tab.js

```javascript
/** Vue アプリの生成 **/
function createApp() {
  new Vue({
    el: "#app",
    data: {
      // 現在開いているタブのインデックス
      currentTabIndex: 0,
      tabs: [
        ……中略……
      ]
    },
  })
}
```

　続いて、現在開いているタブのコンテンツを取得する処理を記述します。こちらは currentTabContent として computed ➡内に記述します。

185ページ　Lesson4-04参照。

図10 tab.js

```
/** Vue アプリの生成 **/
function createApp() {
  new Vue({
    ……中略……
    computed: {
      currentTabContent() {
        return this.tabs[this.currentTabIndex].content
      }
    }
  })
}
```

このcurrentTabContentを、タブコンテンツを表示するエリアに埋め込みます。

図11 tab.html

```
<div id="app">
  <div id="wrapper">
    <h1>Tab List</h1>

    <div id="tab">
      ……中略……
    </div>
    <div id="content">
      {{ currentTabContent }}
    </div>
  </div>
</div>
```

クリックでタブを切り替える

最後にクリックでタブを切り替える処理を記述します。クリックしたタブのtabs配列内でのインデックスをcurrentTabIndexに代入するという処理を、onClick()としてmethods内に記述します。

図12 tab.js

```
/** Vue アプリの生成 **/
function createApp() {
  new Vue({
    ……中略……
    methods: {
      onClick(index) {
        this.currentTabIndex = index
      }
```

```
    }
  })
}
```

続いて、この onClick() をタブリストのクリックイベントとして
指定しましょう。同時に選択中かどうかがわかりやすいように、
選択中であれば -active クラスをタブリストに追加するようにも記
述します。

図13 tab.html

```
<div id="tab">
  <div
    v-for="(tab, index) in tabs"
    :key="tab.id"
    @click="onClick(index)"
    class="tab-list"
    :class="{
      '-active': index === currentTabIndex
    }"
  >
    <button>{{ tab.name }}</button>
  </div>
</div>
```

ここで @click と書いてありますが、v-on: についても、先ほど
v-bind で紹介したのと同様に @と省略して書くことができます⊕。

171ページ **Lesson4-03**参照。

これでタブリストの完成です。ブラウザを開き、タブをクリッ
クしてコンテンツが切り替わるかを確認してみましょう。

図14 クリックでタブを切り替える

モーダルを作ってみよう

「モーダル」を作ってみましょう。「モーダル」は画面を覆うように
表示されるウィンドウです。テキストやフォームなど、好きなコ
ンテンツを表示することができ、×ボタン、もしくはモーダル外
をクリックすると閉じることができます。

図15　作成するモーダルの完成形

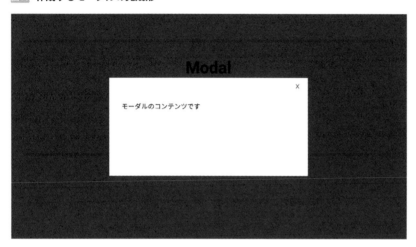

サンプルコード

　サンプルコードは以下を使用します。normalize.css は Lesson
3のものと同じです。

図16　modal.html

```
<!DOCTYPE html>
<html lang="ja">
<head>
  <meta charset="UTF-8">
  <link rel="stylesheet" href="css/normalize.css">
  <link rel="stylesheet" href="css/style.css">
  <title>Title</title>
</head>
<body>
<div id="app">
  <div id="wrapper">
    <h1>Modal</h1>

    <button id="modal-open-btn">
      モーダルを開く
    </button>
```

モーダルを開くボタン

```
    <div class="modal-overlay">
      <div id="modal">
        <button id="modal-close-btn">
          x
        </button>
        <div id="modal-content">
          <p> モーダルのコンテンツです </p>
        </div>
      </div>
    </div>
  </div>
</div>
<script src="https://cdn.jsdelivr.net/npm/vue/dist/vue.js"></script>
<script src="modal.js"></script>
</body>
</html>
```

モーダルのマークアップ

JavaScript へのリンク

図17 modal.js

```
/** Vue アプリの生成 **/
function createApp() {
  // ここに Vue.js のコードを書く
}

/** 初期化 **/
function initialize() {      ……初期化処理を書く関数
  createApp()
}

document.addEventListener('DOMContentLoaded', initialize.bind(this))      ……初期化の実行
```

図18 normalize.css

```
// 省略 (Lesson 3 のものと同じ)
```

図19 style.css

```
@import url("https://fonts.googleapis.com/css?family=Noto+Sans+JP:400|Roboto:400,700&display=swap");

body {
  font-family: 'Roboto', 'Noto Sans JP', sans-serif;
  -webkit-font-smoothing: antialiased;
  font-size: 14px;
  line-height: 1.5;
  color: #000;
  background: white;
}
```

ページ全体のレイアウト

```
*:focus {
  outline: none !important;
}

#wrapper {
  padding: 30px 0;
  margin: 30px 30px;
  border-top: 7px solid #E6E6E6;
  border-bottom: 7px solid #E6E6E6;
}

#wrapper h1 {
  font-size: 30px;
  text-align: center;
  margin: 0;
}

#modal-open-btn {
  width: 200px;
  margin: 30px 0 0 0;
}

.modal-overlay {
  position: fixed;
  top: 0;
  left: 0;
  justify-content: center;
  align-items: center;
  display: flex;
  width: 100vw;
  height: 100vh;
  background: rgba(0, 0, 0, 0.7);
}

#modal {
  position: relative;
  width: 50%;
  background: white;
}

#modal-close-btn {
  position: absolute;
  right: 0;
  display: flex;
  flex-direction: column;
  justify-content: center;
  align-items: center;
  margin: 5px 10px;
```

モーダルを開くボタン

モーダルのデザインの指定

```
    width: 30px;
    height: 30px;
    padding: 0;
    cursor: pointer;
    outline: none;
    border: none;
    background: none;
}

#modal #modal-content {
    min-height: 150px;
    padding: 40px 30px;
}

@media screen and (min-width: 768px) {
    body {
        font-size: 16px;
        padding: 0 30px;
    }

    #wrapper {
        max-width: 900px;
        min-height: 200px;
        margin: 60px auto;
        padding: 30px 0;
    }

    #wrapper h1 {
        font-size: 40px;
    }

    #modal-open-btn {
        display: flex;
        width: 200px;
        justify-content: center;
        margin: 50px auto 0;
        line-height: 30px;
        padding: 0;
        border: none;
        background: #1AAED3;
        color: #fff;
        border-radius: 5px;
        cursor: pointer;
    }
}
```

PC 閲覧時のレイアウト調整の指定

モーダルの表示状態をフラグで管理する

上記のサンプルコードのままではモーダルが表示されっぱなしなので、モーダルを表示したり非表示にしたりできるようにしましょう。

まずは現在のモーダルの開閉状況を保持するisOpenModalというフラグをdata内に追加しましょう。初期値はfalseとします。

図20 **modal.js**

```
/** Vue アプリの生成 **/
function createApp() {
  new Vue({
    el: "#app",
    data: {
      // フラグを追加する
      isOpenModal: false,
    }
  })
}
```

このフラグがtrueのときはモーダルを表示し、falseのときはモーダルを非表示にするようにします。

続いて、このフラグをv-ifとしてモーダルに設定しましょう。

図21 **modal.html**

```
<div
  v-if="isOpenModal"
  class="modal-overlay"
>
  <div id="modal">
    <button id="modal-close-btn">
      x
    </button>
    <div id="modal-content">
      <p> モーダルのコンテンツです </p>
    </div>
  </div>
</div>
```

一度ブラウザで開いて、モーダルが非表示になっているか確認してみましょう。

図22 モーダルの表示状態をフラグで管理する①

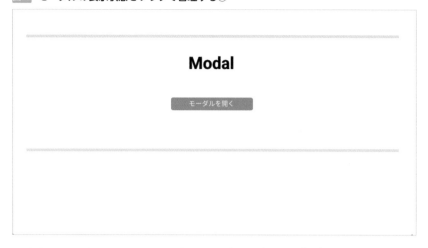

　また、いったん isOpenModal を true に変えてもう一度ブラウザ
を開き、モーダルが表示されているかも確認してみましょう。

図23 モーダルの表示状態をフラグで管理する②

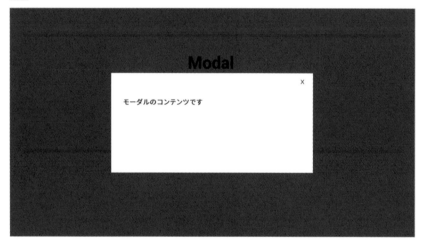

　これでモーダルの表示、非表示をフラグで管理できるようにな
りました。isOpenModal は false に戻しておきましょう。

モーダルの表示、非表示を切り替える

　続いて、このフラグをボタンのクリックで切り替えられるよう
にしましょう。まずはモーダルを開く関数 openModal()、モーダ
ルを閉じる関数 closeModal() を methods 内に追加します。

図24 modal.js

```
/** Vue アプリの生成 **/
```

```
function createApp() {
  new Vue({
    ……中略……
    methods: {
      // モーダルを開く
      openModal() {
        this.isOpenModal = true
      },
      // モーダルを閉じる
      closeModal() {
        this.isOpenModal = false
      }
    }
  })
}
```

この関数をそれぞれHTMLに設定します。

図25 modal.html

```
<div id="wrapper">
  <h1>Modal</h1>

  <button
    id="modal-open-btn"
    @click.prevent.stop="openModal"
  >
    モーダルを開く
  </button>

  <div
    v-if="isOpenModal"
    class="modal-overlay"
  >
    <div id="modal">
      <button
        id="modal-close-btn"
        @click.prevent.stop="closeModal"
      >
        x
      </button>
      <div id="modal-content">
        <p> モーダルのコンテンツです </p>
      </div>
    </div>
  </div>
</div>
```

> **memo**
> .preventはP.197で解説しているように、ボタンをクリックした際のデフォルトの挙動を停止しています。また、.stopは親要素へのイベントの伝播を停止する命令です。デフォルトでは子要素がクリックされると親要素へもクリックイベントが伝搬するため、.stopとすることで停止しています。

ブラウザを開き、「モーダルを開く」ボタンでモーダルが開けるか、×ボタンでモーダルが閉じられるかをそれぞれ確認してみましょう。

モーダル外をクリックしたときにモーダルを閉じる

　さらにここで、モーダルの外をクリックしたときにモーダルを閉じられるようにします。

　処理を作るにあたって、このページのどこかをクリックしたときに、クリックした場所がモーダル外か？を判定する処理を書く必要があります。この「ページのどこをクリックしたか？」を判定する処理を、Vueインスタンス内のmounted()という関数内に書きます。

　mounted()はVueアプリ内のHTMLが表示されたあとに呼び出される特別な関数です。methodsオプション内に定義した関数とは違い、mounted()はVue.jsから自動的に呼び出される仕組みになっています。書き方は、Vueインスタンスの中にdataやcomputedのようにオプションとして追加するだけです。

図26 **modal.js**

```
/** Vue アプリの生成 **/
function createApp() {
  new Vue({
    ……中略……
    mounted() {
        // Vue アプリ内の HTML が表示されたあとに呼ばれる
    }
  })
}
```

　それでは、このmounted()にモーダル外のクリック判定処理を記述していきましょう。

ページ全体のクリック処理を取得する

　まず、この判定処理を作るにあたって、ページ内すべてのクリックイベントを取得する必要があります。これについては、documentのclickイベントに対してaddEventListenerするだけで実現可能です。

図27 **modal.js**

```
document.addEventListener("click", function(event) {
    // ページ内すべてのクリックイベント
```

```
})
```

クリックした要素は、クリックイベントのイベントリスナーの
引数eventのevent.targetで取得できます。この ! event.targetが
モーダル内のコンテンツかどうかを判定し、モーダル内のコンテ
ンツであれば何もしない、という処理を書きましょう。

WORD **イベントリスナー**

ボタンなどに発生するイベントを監
視する関数や機能のこと。ここでは
addEventListener関数を指します。

クリックした要素がモーダル外のものかを調べる

モーダル内のコンテンツかどうか、という処理は、event.target
が持つclosest()という関数を使用します。このclosest()は、引数
に渡されたセレクタに一致するものをclosestを実行した要素（今
回でいうと、event.targetです）の親要素の中から検索するという
関数です。一致する要素が存在しなければnullを返します。

つまり、以下の関数を実行すると、event.target、つまりクリッ
クした要素の親に、#modalがあるかどうかを調べることができ
ます。

! **POINT**

event.targetとP.140で指定した
event.currentTargetは似た働きをも
ちますが、返す要素が異なります。
event.targetの場合はイベントが発生
した要素、event.currentTargetの場
合はaddEventListenerをバインドした
要素が返ってきます。ここではクリッ
クした要素を取得したいので、event.
targetを使用しています。

図28 modal.js

```
const target = event.target.closest("#modal")
```

これにより、targetの値がnullであれば モーダル外でのクリッ
ク、そうでなければモーダル内でのクリックと判定することがで
きます。

これを利用して、「モーダルが開かれているとき」、かつ「モーダ
ル外でクリックされたとき」に、モーダルを閉じる、という関数
を実行しましょう。以下が、モーダル外をクリックしたときにモー
ダルを閉じるという処理になります。

図29 modal.js

```
/** Vue アプリの生成 **/
function createApp() {
  new Vue({
    ……中略……
    mounted() {
      // クリックイベント内で Vue の関数やプロパティを呼び出すために、this を変数に代入しておく
      const _this = this

      // Vue アプリ内の HTML が表示されたあとに呼ばれる
      document.addEventListener("click", function (event) {
        // クリックした要素の親要素に、#modal の要素があるか調べる。
        const target = event.target.closest("#modal")
```

```
      // モーダルが開いている、かつモーダル外のクリックなら、モーダルを閉じる
      if (_this.isOpenModal && target !== null) {
        _this.closeModal()
      }
    })
  }
})
}
```

　一度ブラウザを開いて、モーダルを開いたあとにモーダル外を
クリックしたときにモーダルが閉じられるかを確認してみましょ
う。

モーダルの開閉時にアニメーションするようにする

　これでモーダルはほとんど完成しているのですが、今のままだ
とモーダルを開くとき、閉じるときにときに一瞬でパッと切り替
わるので、せっかくならアニメーションするようにしましょう。

　そのようなアニメーションを実装したいときのために、Vue.js
には <transition> という名前の「コンポーネント」と呼ばれるもの
が標準で用意されています。

コンポーネントとは

　コンポーネントとは、複数のアプリで再利用可能な Vue のイン
スタンスです。コンポーネントは HTML の部品のようなもので、
呼び出すことでコンポーネント内に登録された HTML の要素を表
示することができます。また、Vue のインスタンスでもあるので、
data、methods などの Vue のオプションもその中に含まれます。

　コンポーネントの中には HTML の表示だけでなく、呼び出すこ
とで便利な機能を呼び出せるものもあります。この <transition>
コンポーネントは、v-if、 v-show による要素の表示の切り替え
に合わせたアニメーションを簡単に追加できるというコンポーネ
ントです。

!　**POINT**

　v-showとはv-ifと同じように指定し
た条件文に一致しないときに要素を非
表示にできる機能です。v-ifとの違いは、
v-ifはDOMそのものが削除されたり作
成されたりしますが、v-showはcss上
で表示、非表示が切り替わるだけです。

<transition> コンポーネントを使ってみる

　それでは実際に <transition> コンポーネントを使って、モーダ
ルにアニメーションを追加してみましょう。

　コンポーネントは HTML のタグのように書きます。

　まず、HTML に <transition> コンポーネントを追加します。

　このとき、v-if、v-show で切り替わる要素の上に <transition>
を設置するようにしましょう。

図30 modal.html

```html
<div id="app">
  <div id="wrapper">
    ……中略……
    <transition name="fade">
      <div
        v-if="isOpenModal"
        class="modal-overlay"
      >
        ……中略……
      </div>
    </transition>
  </div>
</div>
```

　<transition>コンポーネントにnameという属性が設定されています。

　nameの中の値は自由に決めることができます。今回はフェードのアニメーションを実装したいので、fadeという値にしました。

　このname属性の値はあとで使うので覚えておきましょう。

<transition>のアニメーションを実装する

　次に、v-if、v-showでの要素の表示・非表示時にどのようにアニメーションするかを決めます。

　<transition>コンポーネントでは、「**トランジションクラス**」と呼ばれる特殊なクラスが、<transition>コンポーネントの子要素の表示・非表示時に自動で設定されます。この「トランジションクラス」に対してCSSを書くことで、アニメーションを適用させるというのが<transition>コンポーネントの使い方となります。

　トランジションクラスはいくつかありますが、今回使うトランジションクラスは下の4つです。

> **WORD** トランジション
>
> 　いわゆる遷移アニメーションのこと。表示が変化する際に、変化前と変化後の中間状態をアニメーションすることで両者を滑らかにつなぐことができます。

図31 今回使用するトランジションクラス

クラス名	
v-enter	子要素の表示開始時に1フレームだけ設定されるクラス
v-enter-active	子要素の表示開始時から、アニメーション終了時まで設定されるクラス
v-leave-active	子要素の非表示開始時から、アニメーション終了時まで設定されるクラス
v-leave-to	子要素の非表示アニメーション完了まで設定されるクラス

　すべてのクラスの先頭に付いているv-は<transition>コンポーネントのname属性の値になります。今回はfadeと設定したので、

すべて fade-……というクラスになります。

　それでは、このクラスを利用してアニメーションの内容を書いていきましょう。まず、v-enter-active、v-leave-active に対して、どのプロパティをアニメーションさせるかを書きます。

　今回はモーダルの開閉時にフェードイン・アウトをさせたいので、**opacity** をアニメーションさせます。

　以下のコードは CSS ファイルの一番下に追加してください。

WORD　opacity

opacityは不透明度のこと。opacity:1とすると完全に表示され、opacity:0とすると完全に透明になります。

図32 style.css

```
……前略……
.fade-enter-active, .fade-leave-active {
  /** opacity を 0.3 秒かけてアニメーションさせる **/
  transition: opacity .3s;
}
```

　次に、v-enter、v-leave-to に対して、アニメーション開始時、終了時の状態を書いていきます。モーダルが開く前、閉じたあとは非表示……つまり、opacity が 0 になるので、そのように CSS を書きます。

図33 style.css

```
……前略……
.fade-enter-active, .fade-leave-active {
  /** opacity を 0.3 秒かけてアニメーションさせる **/
  transition: opacity .3s;
}

.fade-enter, .fade-leave-to {
  opacity: 0;
}
```

　これで <transition> のアニメーション内容が書けました。ブラウザを開き、モーダルの開閉時にアニメーションが再生されるかを確認してみましょう。

ハンバーガーメニューを作ってみよう

　次は「ハンバーガーメニュー」を作ります。「ハンバーガーメニュー」はヘッダーなどに設置してあるボタンをクリックすることで、画面の上もしくは横から飛び出してくるメニューです。

図34 作成するハンバーガーメニューの完成形

サンプルコード

　サンプルコードは以下を使用します。normalize.css は Lesson 3 のものと同じです。

図35 menu.html

```
<!DOCTYPE html>
<html lang="ja">
<head>
  <meta charset="UTF-8">
  <link rel="stylesheet" href="css/normalize.css">
  <link rel="stylesheet" href="css/style.css">
  <title>Title</title>
</head>
<body>
<div id="app">
  <header id="header">
    <button class="breadcrumb-btn">
      <span class="breadcrumb-decoration"></span>
      <span class="breadcrumb-decoration"></span>
      <span class="breadcrumb-decoration"></span>
    </button>
    <div class="breadcrumb-menu">
      <header>
        <button class="breadcrumb-btn">
          x
        </button>
      </header>
      <ul id="list">
        <li class="item">
          <a href="#">TOP</a>
        </li>
        <li class="item">
          <a href="#">ABOUT</a>
        </li>
```

ハンバーガーボタンのマークアップ

開いたメニューを閉じるボタンの
マークアップ

表示されるメニューのマークアップ

```
      <li class="item">
        <a href="#">NEWS</a>
      </li>
      <li class="item">
        <a href="#">CONTACT</a>
      </li>
    </ul>
  </div>
  </header>
</div>
<script src="https://cdn.jsdelivr.net/npm/vue/dist/vue.js"></script>    ⎫ JavaScript へ
<script src="menu.js"></script>                                          ⎭ のリンク
</body>
</html>
```

図36 menu.js

```
/** Vue アプリの生成 **/
function createApp() {
  // ここに Vue.js のコードを書く
}


/** 初期化 **/
function initialize() {    ……初期化処理を書く関数
  createApp()
}


document.addEventListener('DOMContentLoaded', initialize.bind(this))    ……初期化の実行
```

図37 normalize.css

```
// 省略（Lesson 3 のものと同じ）
```

図38 style.css

```
@import url("https://fonts.googleapis.com/css?
family=Noto+Sans+JP:400|Roboto:400,700&display=swap");

body {
  font-family: 'Roboto', 'Noto Sans JP', sans-serif;
  -webkit-font-smoothing: antialiased;
  font-size: 14px;
  line-height: 1.5;
  color: #000;
  background: white;
}                                                    ページ全体のレイアウト

#header {
  display: flex;
  flex-direction : row-reverse;
```

```
  width: 100%;
  height: 40px;
  background: #e6e6e6;
}

.breadcrumb-btn {
  position: relative;
  display: flex;
  flex-direction: column;
  justify-content: center;
  align-items: center;
  margin: 5px 20px;
  width: 30px;
  height: 30px;
  padding: 0;
  border-radius: 20%;
  cursor: pointer;
  outline: none;
  border: none;
  background: none;
}

.breadcrumb-decoration {
  display: block;
  content: '';
  margin: 0 auto;
  width: 18px;
  height: 2px;
  background: black;
}

.breadcrumb-decoration:nth-child(2) {
  margin: 4px auto;
}

.breadcrumb-menu {
  position: absolute;
  top: 0;
  transform: translateX(0);
  width: 300px;
  height: 100vh;
  background: #D5D5D5;
}

.breadcrumb-menu header {
  display: flex;
  flex-direction : row-reverse;
  height: 40px;
```

ハンバーガーボタンのデザインの指定

表示されるメニューのデザインの指定

```
  padding-bottom: 10px;
}

.breadcrumb-menu #list {
  margin: 0;
  padding: 0 40px;
  list-style: none;
}

.breadcrumb-menu #list .item {
  margin-bottom: 15px;
}

.breadcrumb-menu #list .item a {
  text-decoration: none;
  color: black;
}

@media screen and (min-width: 768px) {
  body {
    font-size: 16px;
  }
}
```

PC 閲覧時のレイアウト調整の指定

ハンバーガーメニューの表示状態をフラグで管理する

　上記のサンプルコードのままでは、モーダルを作り始めたとき
と同様でハンバーガーメニューが開きっぱなしになっています。
最初に、ハンバーガーメニューを表示したり非表示にしたりでき
るようにしましょう。

　まずはハンバーガーメニューの開閉状況を保持する
isOpenMenu というフラグを data 内に追加しましょう。初期値は
false とします。

図39 menu.js

```
/** Vue アプリの生成 **/
function createApp() {
  new Vue({
    el: "#app",
    data: {
      isOpenMenu: false,
    }
  })
}
```

　このisOpenMenuがtrueのときはハンバーガーメニューを表示
する。falseのときは非表示にするようにします。
　続いて、このフラグをv-ifとしてハンバーガーメニューに設定
しましょう。

図40 menu.html

```
<div id="app">
  <header id="header">
    <button class="breadcrumb-btn">
      <span class="breadcrumb-decoration"></span>
      <span class="breadcrumb-decoration"></span>
      <span class="breadcrumb-decoration"></span>
    </button>
    <div
      v-if="isOpenMenu"
      class="breadcrumb-menu"
    >
      ……中略……
    </div>
  </header>
</div>
```

　一度ブラウザで開き、ハンバーガーメニューが非表示になって
いるか確認してみましょう。

図41 ハンバーガーメニューの表示状態をフラグで管理する ①

　また、いったんisOpenMenuをtrueに変えてもう一度ブラウザ
を開き、ハンバーガーメニューが表示されているかも確認してみ
ましょう。

図42 ハンバーガーメニューの表示状態をフラグで管理する ②

　これでハンバーガーメニューの表示、非表示をフラグで管理できるようになりました。

ハンバーガーメニューを開閉できるようにする

　続いて、ハンバーガーメニューをボタンで開閉できるようにしてみましょう。まず、ハンバーガーメニューの表示・非表示を切り替える関数を methods 内に追加します。

図43 menu.js

```
/** Vue アプリの生成 **/
function createApp() {
  new Vue({
    ……中略……
    methods: {
      openMenu() {
        this.isOpenMenu = true
      },
      closeMenu() {
        this.isOpenMenu = false
      }
    }
  })
}
```

　続いて、先ほど追加した関数を開くボタン、閉じるボタンのクリックイベントにそれぞれ設定します。

図44 menu.html

```
<div id="app">
  <header id="header">
    <button
      class="breadcrumb-btn"
```

memo
.prevent.stopについてはP.225と同じ働きをもちます。

```
      @click.prevent.stop="openMenu"
    >
      ……中略……
  </button>
  <div
    v-if="isOpenMenu"
    class="breadcrumb-menu"
  >
    <header>
      <button
        class="breadcrumb-btn"
        @click.prevent.stop="closeMenu"
      >
        x
      </button>
    </header>
    ……中略……
  </div>
</header>
</div>
```

　一度ブラウザを開き、三のボタンを押したときにハンバーガー
メニューを開けるか、また［×］のボタンを押したときに閉じられ
るかを確認してみましょう。

ハンバーガーメニューの開閉時にアニメーションをさせる

　最後に、ハンバーガーメニューをアニメーションしながら開閉
するように作ってみましょう。
「モーダルを作ってみよう」で紹介した、<transition>コンポーネ
ント⊕を今回も使用します。まずHTMLに<transition>コンポーネ
ントを追加します。

228ページ　**Lesson5-01**参照。

図45　menu.html

```
<div id="app">
  <header id="header">
    <!-- ... -->
    <transition name="slide">
      <div
        v-if="isOpenMenu"
        class="breadcrumb-menu"
      >
        ……中略……
      </div>
    </transition>
  </header>
```

```
</div>
```

name属性はslideと設定しました。

続いて、CSSにアニメーションの内容を書いていきます。

今回はハンバーガーメニューが横からスライドしながら開いたり閉じたりするようにします。ですので、**transform**プロパティがアニメーションするように設定します。

transformプロパティに対して、要素を横方向に移動させるtransformX(100%)を設定しましょう。

以下のコードをCSSの一番下に追加してください。

WORD ❯ **transformプロパティ**

transformは回転や拡大縮小、移動のアニメーションに使用するCSSのプロパティです。

図46 style.css

```css
.slide-enter-active, .slide-leave-active {
  transition: transform .15s ease-in-out;
}

.slide-enter, .slide-leave-to {
  transform: translateX(100%);
}
```

ブラウザを開き、ハンバーガーメニューがアニメーションしながら開閉するようになったかを確認してみましょう。

図47 メニューがスライドして開閉

Vue.jsのプラグインを利用しよう

> **THEME テーマ**　Vue.jsの機能を拡張するさまざまなプラグインが公開されています。ここではスライドショーを実現するSwiperというプラグインを紹介します。

Vue.jsのプラグインを利用しよう

プラグインとは

　プラグインとは、アプリやライブラリを拡張できるプログラムのことです。Vue.jsにはプラグインを使って、機能を拡張できる仕組みがあります。

　Vue.jsのプラグインにはさまざまな種類があり、スライドビューアーやカレンダーなど、自分で作ろうとすると時間がかかるものを、簡単に自分のアプリ内に表示できるというメリットがあります。そういったいくつものプラグインがさまざまな人の手によって作られ、インターネット上にアップロードされています。

　プラグインをうまく活用して、アプリの開発をよりスピーディなものにしましょう。

プラグインの見つけ方

　Vue.jsのプラグインはnpmjs.com（https://www.npmjs.com）やGitHub（https://github.com/）といった場所でよく配布されています。これらの配布サイトは英語のものですが、サイト内にある検索フォームを使えば目的のプラグインを見つけることができます。検索するときは、「Vue.js」と打ち込んだあとにスペースを挟み、やりたいことやほしい機能を英語で入力して検索してみてください。

　また、Googleなどの検索エンジンを使ってプラグインを探すこともできます。検索するときは先ほどと同じく、「Vue.js」と打ち込んだあとにスペースを挟み、やりたいことやほしい機能を入力して検索してみてください。

プラグインの使い方

　検索して見つけたプラグインのインストール方法や使い方は、配布ページに書いてあることが多いです。英語で書かれているものがほとんどですが、Google翻訳などを活用して一度は読むようにしましょう。

　また配布ページに使い方が書いていないものでも、ダウンロードしたプラグインのファイルに使い方が書いてあるテキストファイルが入っているものや、使い方を記したサイトがある場合もあります。

プラグインを使うときの注意

　プラグインは無料で使えるものも多いですが、中には有料のものも存在します。

　また、無料で使えるものでも、使う際に守らなければならない規約が定められているものもあります。それらの規約を守らずにプラグインを使うと、法的リスクにさらされる可能性があります。

　プラグインの配布ページには規約やライセンスが書かれた一文が書かれているものが多いので、プラグインを使う際は必ず一読してから使うようにしましょう。

Swiperを読み込ませよう

　それでは早速Vue.jsのプラグインを使ってみましょう。今回使うプラグインは「Vue-Awesome-Swiper」です。

　「Vue-Awesome-Swiper」はスライドビューアーを簡単に自分のアプリに表示できるプラグインです。こちらを使って実際にスライドビューアーを表示してみましょう。

WORD　ライセンス

　ライセンスとは、ライブラリの作成者が設定した利用規約のようなものです。ライブラリを使う際は設定されたライセンスのルールに従う必要があります。代表的なものとして、著作権表示および本許諾表示を記載すれば、自由に使用・改変しても良いMITライセンスなどがあります。

図1　Vue-Awesome-Swiper

https://github.com/surmon-china/vue-awesome-swiper

図1　作成するスライドビューアーの完成形

サンプルコード

　サンプルコードは以下を使用します。normalize.css は Lesson 3 のものと同じです。

図2　swiper.html

```
<!DOCTYPE html>
<html lang="ja">
<head>
  <meta charset="UTF-8">
  <link rel="stylesheet" href="normalize.css">
  <link rel="stylesheet" href="style.css">
  <title>Title</title>
</head>
<body>
<div id="app">
  <div id="wrapper">
    <h1>Swiper</h1>

    ……ここにスライドビューアーを表示
  </div>
</div>
<script src="https://cdn.jsdelivr.net/npm/vue/dist/vue.js"></script>
<script src="swiper.js"></script>
</body>
</html>
```

JavaScript へのリンク

図3 swiper.js

```
/** Vue アプリの生成 **/
function createApp() {
  new Vue({
    el: "#app"
  })
}


/** 初期化 **/
function initialize() {      ……初期化処理を書く関数
  createApp()
}


document.addEventListener("DOMContentLoaded", initialize.bind(this))      ……初期化の実行
```

図4 normalize.css

```
// 省略（Lesson 3 のものと同じ）
```

図5 style.css

```
@import url("https://fonts.googleapis.com/css?
family=Noto+Sans+JP:400|Roboto:400,700&display=swap");

body {
  font-family: 'Roboto', 'Noto Sans JP', sans-serif;
  -webkit-font-smoothing: antialiased;
  font-size: 14px;
  line-height: 1.5;
  color: #000;
  background: white;
}

*:focus {
  outline: none !important;
}                                                    ページ全体のレイアウト

#wrapper {
  padding: 30px 0;
  margin: 30px 30px;
  border-top: 7px solid #E6E6E6;
  border-bottom: 7px solid #E6E6E6;
}

#wrapper h1 {
  font-size: 30px;
  text-align: center;
  margin: 0;
```

```
}

.swiper-container {
  width: 100%;
  height: 400px;
  margin: 30px 0 0 0;
}

.swiper-slide {
  text-align: center;
  font-size: 3rem;
  line-height: 1.5em;
  background-color: #eee;
  display: flex;
  flex-direction: column;
  justify-content: center;
  align-items: center;
}
```
スライドビューアーのレイアウトの指定

```
@media screen and (min-width: 768px) {
  body {
    font-size: 16px;
    padding: 0 30px;
  }

  #wrapper {
    max-width: 900px;
    margin: 60px auto;
    padding: 30px 0;
  }

  #wrapper h1 {
    font-size: 40px;
  }

  .swiper-container {
    margin: 50px auto 0;
  }
}
```
PC 閲覧時のレイアウト調整の指定

プラグインの読み込み

　プラグインは、CDN（Content Delivery Network）を利用して読み込ませましょう。

　プラグインを読み込む際の注意点ですが、必ずVue.js を読み込んでいるところよりもあと、かつ、プラグインを使う JavaScript ファイルよりも前に読み込ませましょう。

図6 swiper.html

```
<script src="https://cdn.jsdelivr.net/npm/vue/dist/vue.js"></script>
<!-- swiper をインストールする -->
<script src="https://cdnjs.cloudflare.com/ajax/libs/Swiper/4.0.7/js/swiper.min.js"></
script>
<script src="https://cdn.jsdelivr.net/npm/vue-awesome-swiper@3.1.3/dist/vue-awesome-
swiper.js"></script>
<script src="sample01.js"></script>
```

　また、Vue-Awesome-Swiper（以下、Swiper と呼びます）は css
ファイルも読み込む必要があります。そちらも追加しておきま
しょう。

図7 swiper.html

```
<link rel="stylesheet" href="normalize.css">
<link rel="stylesheet" href="style.css">
<!-- swiper の css をインストールする -->
<link rel="stylesheet"
href="https://cdnjs.cloudflare.com/ajax/libs/Swiper/4.0.7/css/swiper.min.css">
```

Vue.jsへのプラグインのインストール

　Vue.js のプラグインは、ただ CDN からインストールするだけで
なく Vue.js 本体にインストールする必要があるものがあります。
Swiper もその中の1つです。インストールの方法はプラグインに
よって異なりますが、Swiper は Vue.use() という Vue の関数を呼
び出してインストールを行います。

　この Vue.use() を Vue のインスタンスを生成する処理の前に記述
しましょう。

> **memo**
>
> 　Vue-Awesome-Swiperに限らず、インストール方法やコンポーネント等の使い方はReadMeのテキストなどに記載されているので、その記載に従って利用しましょう。

図8 swiper.js

```
/** Vue アプリの生成 **/
function createApp() {
  // swiper をインストール
  Vue.use(VueAwesomeSwiper)

  new Vue({
    el: "#app",
  })
}
```

　これで swiper のインストールが完了しました。

Swiperを使ってみよう

「Swiperをインストールしよう」ではSwiperのインストールを行いました。ここではインストールしたSwiperを使って実際にスライドビューアーを表示してみましょう。

先ほどインストールしたことにより、Swiperプラグインで用意されているコンポーネントが使えるようになりました。

Swiperのコンポーネント

今回使用するSwiperのコンポーネントは以下のものです。

図9 Swiperのコンポーネント

コンポーネント名	
`<swiper>`	スライドビューアーの入れ物
`<swiper-slide>`	スライドビューアー内のコンテンツ。 `<swiper>` 内に作る必要がある。

スライドビューアーの作成

それでは早速スライドビューアーを作成していきましょう。まずは先ほどのコンポーネント一覧をもとに、HTMLを書いていきます。

図10 swiper.html

```html
<div id="app">
  <div id="wrapper">
    <h1>Swiper</h1>

    <swiper>
      <swiper-slide>
        一枚目のスライドです
      </swiper-slide>
    </swiper>
  </div>
</div>
```

最初にスライドビューアーの入れ物である `<swiper>` を記述し、その中に `<swiper-slide>` を記述します。`<swiper-slide>` の中には自由にテキストやHTMLを入れることができます。ここではテキストを中に入れてみます。

この時点でブラウザで確認してみましょう。 次の画像のように

245

なっていれば成功です。もしなっていなければ、もう一度「Swiper
をインストールしよう」のページを読み返して、間違いがないか
探してみましょう。

図11 Swiper.htmlの表示結果

また、<swiper> の中には <swiper-slide> を複数入れることがで
きます。実際に入れてみましょう。

図12 swiper.html

```
<div id="app">
  <div id="wrapper">
    <h1>Swiper</h1>

    <swiper>
      <swiper-slide>
        一枚目のスライドです
      </swiper-slide>

      <swiper-slide>
        複数行も <br>
        書くことが <br>
        できます <br>
      </swiper-slide>

      <swiper-slide>
        <p> 画像も設置できます </p>
        <img src="http://placehold.it/200x100" alt="image">
```

```
        </swiper-slide>
      </swiper>
    </div>
</div>
```

　これで複数のコンテンツがこのスライドビューアーの中に追加されました。見た目上の変化はないですが、実はこのスライドビューアーの上でクリックしたまま横にドラッグすると。コンテンツを左右に切り替えられるようになっています。

図13　ドラッグでコンテンツを切り替える

ページ送りボタンの表示

　しかしこのままでは不便なので、ページを切り替えるボタンがほしいですね。swiperではそのようなときのために、簡単にページ送りボタンを追加できるように作られています。

　まずはHTMLへの追記です。後述する設定情報をJavaScriptに渡すため、<swiper>コンポーネントの中に :optins="swiperOption" を追記し、前後へのページ送りボタンのdiv要素を記述します。

図14　swiper.html

```
<div id="app">
  <div id="wrapper">
    <h1>Swiper</h1>
```

```
    <swiper
      :options="swiperOption"
    >
      ……中略……

      <!-- ページ送りボタンを追加 -->
      <div class="swiper-button-prev" slot="button-prev"></div>
      <div class="swiper-button-next" slot="button-next"></div>
    </swiper>
  </div>
</div>
```

　この時点でブラウザで確認すると、ボタンがスライドビューアー上に表示されています。しかし、このままではクリックしても反応しません。このボタンを正しく機能させるために、JavaScriptで処理を書かなければなりません。

　Vueではコンポーネントにデータを渡せる機能が備わっており、その機能を用いて<swiper>にどんなスライドビューアーにするかという設定情報を渡すことができます。ページ送りボタンを正しく動作させるにはこの設定情報を<swiper>に渡してあげる必要があります。

　まずはSwiperに渡すための設定情報をdata内に追加します。

図15 swiper.js

```
/** Vue アプリの生成 **/
function createApp() {
  Vue.use(VueAwesomeSwiper)

  new Vue({
    el: "#app",
    data: {
      // swiper の設定
      swiperOption: {
        // ページ送りボタンの設定
        navigation: {
          // 次に進むボタンの設定
          nextEl: ".swiper-button-next",
          // 前に戻るボタンの設定
          prevEl: ".swiper-button-prev"
        }
      },
    }
  })
}
```

　ここでは swiperOption という設定情報を宣言しています。その中にある、navigation.nextEl、navigation.prevEl という項目でページ送りボタンの設定ができるようになっています。名前の通り、navigation.nextEl は「次に進むボタン」、navigation.prevEl は「前に戻るボタン」を設定できる項目です。

　各項目の値には HTML 要素のクラス名を指定でき、指定したクラスを持つ HTML 要素がページ送りボタンとして機能するようになります。ここに先ほど HTML 上で作成したページ送りボタンのクラスを設定しています。

　JavaScript のコードを編集したあと、もう一度ブラウザを開いてページ送りボタンを押してみると、正しく動作しているのが確認できます。

図16 ページ送りボタンが表示された

ページネーションの表示

　さらに、Swiper では現在何ページ目を表示しているのかを示す「ページネーション」を簡単に表示することができます。こちらもせっかくなので表示させてみましょう。

　表示方法はページ送りボタンと同様、まず HTML 上に要素を追加し、swiperOption でその要素を指定する、といった流れです。

　それではまず、HTML 上に要素を追加しましょう。

図17 swiper.html

```
<div id="app">
  <div id="wrapper">
    <h1>Swiper</h1>

    <swiper
      :options="swiperOption"
    >
      ……中略……

      <!-- ページネーションを追加 -->
      <div class="swiper-pagination"  slot="pagination"></div>
      <div class="swiper-button-prev" slot="button-prev"></div>
      <div class="swiper-button-next" slot="button-next"></div>
    </swiper>
  </div>
</div>
```

　続いて、swiperOptionでページネーションの設定を行います。
今回新たにページネーションの設定用にpagination.elという項目
をswiperOption内に追加します。

図18 swiper.js

```
/** Vue アプリの生成 **/
function createApp() {
  Vue.use(VueAwesomeSwiper)

  new Vue({
    el: "#app",
    data: {
      // swiper の設定
      swiperOption: {
        // ページネーションの設定
        pagination: {
          el: ".swiper-pagination"
        },
        // ページ送りボタンの設定
        navigation: {
          // 次に進むボタンの設定
          nextEl: ".swiper-button-next",
          // 前に戻るボタンの設定
          prevEl: ".swiper-button-prev"
        }
      },
    }
  })
```

```
}
```

　pagination.el もページ送りボタンと同様に、先ほど作成した HTML要素のクラス名を指定します。

　ブラウザで確認してみると、スライドビューアーの下部に丸がいくつか並んでいるのが見えると思います。これがページネーションです。現在表示しているページに応じて、青い丸の位置が変わるようになっています。次に進むボタンを押して、青い丸の位置が変わるのを確かめましょう。

図19 ページネーションを表示

　これで、Swiper を例にした Vue.js のプラグインの組み込みは終了です。Vue.js を利用すると、Web サイトにさまざまなユーザーインターフェイスを組み込むのも、通常の JavaScript と比べてかなり簡単であることがわかったでしょう。

　Vue.jsのプラグインは前に触れたように、さまざまな種類のものがインターネット上にアップされています。それらをどんどん活用して、よりリッチなWebサイトを高速に作り上げましょう。

Index 用語索引

Index 用語索引

執筆者紹介

西畑 一馬 （にしはた・かずま）　Lesson 1執筆

株式会社トゥーアール 代表取締役／フロントエンドエンジニア。
2002年よりWeb制作を行い、2016年2月に株式会社トゥーアールを設立。 ReactやVue.js、
Angularなどフロントエンドに特化したWeb制作を行っている。「Web制作の現場で使う
jQueryデザイン入門」や「JavaScriptコーディング ベストプラクティス」など多数の著書を執
筆している。三度の飯より日本酒が好き。
URL：https://twitter.com/KazumaNishihata

須郷晋也（すごう・しんや）　Lesson 2執筆

1979年生まれ。Web制作会社にて大規模サイトのコーディングやCMS導入などを通じてプ
ログラミングに興味を惹かれる。複数のWeb制作会社を経て現在はフロントエンドエンジ
ニアとして活動中。
URL：https://twitter.com/Sakunyo

扇 克至（おうぎ・かつし）　Lesson 3執筆

1978年生まれ。広告代理店の営業マン、Webデザイナーを経てなぜかフロントエンドエン
ジニアへ。現在はReactをベースにFirebaseを利用したアプリケーション制作を得意としてい
る。好きなゴールドジムは東中野店。
URL: https://github.com/anton072

岡島 美咲（おかじま・みさき）　Lesson 4執筆

いくつかのWeb制作会社を経て、2019年3月に株式会社トゥーアールに入社。現在はフロ
ントエンドエンジニアとしてReact、Vue.jsを使ったアプリケーション開発に勤しんでいる。
自分にとって新しいことを学ぶことが好き。アイコンはもい。さん（https://twitter.com/
moi_momoco）。
URL：https://twitter.com/mokajima85z

岩本 大樹（いわもと・だいき）　Lesson 5執筆

1995年生まれ。京都の美術大学でひょんなことからプログラミングの学習を始める。2013
年に東京のWeb会社に就職し、フロントエンド、バックエンド、Unityなどさまざまな分野
のエンジニアリングに携わっている。
URL: https://github.com/pepoipod

● 制作スタッフ

[装丁]　　　　　西垂水 敦(krran)
[カバーイラスト]　山内庸資
[本文デザイン]　加藤万琴
[編集]　　　　　株式会社リブロワークス
[DTP]　　　　　株式会社リブロワークスデザイン室、大塚一作

[編集長]　　　　後藤憲司
[担当編集]　　　後藤孝太郎

初心者からちゃんとしたプロになる
JavaScript基礎入門

2020年4月1日　初版第1刷発行

[著 者]　　西畑一馬　須郷晋也　岡島美咲　扇 克至　岩本大樹
[発行人]　　山口康夫
[発 行]　　株式会社エムディエヌコーポレーション
　　　　　　〒101-0051　東京都千代田区神田神保町一丁目105番地
　　　　　　https://books.MdN.co.jp/
[発 売]　　株式会社インプレス
　　　　　　〒101-0051　東京都千代田区神田神保町一丁目105番地
[印刷・製本]　中央精版印刷株式会社

【カスタマーセンター】
造本には万全を期しておりますが、万一、落丁・乱丁などがございましたら、送料小社負担にて
お取り替えいたします。お手数ですが、カスタマーセンターまでご返送ください。

落丁・乱丁本などのご返送先
〒101-0051　東京都千代田区神田神保町一丁目105番地
株式会社エムディエヌコーポレーション カスタマーセンター
TEL：03-4334-2915

書店・販売店のご注文受付
株式会社インプレス　受注センター
TEL：048-449-8040 ／ FAX：048-449-8041

【 内容に関するお問い合わせ先 】

株式会社エムディエヌコーポレーション
カスタマーセンター メール窓口

info@MdN.co.jp

本書の内容に関するご質問は、Eメールのみの受付となります。メールの件名は「JavaScript基礎入門　質問係」、本
文にはお使いのマシン環境 (OSとWebブラウザの種類・バージョンなど) をお書き添えください。電話やFAX、郵便
でのご質問にはお答えできません。ご質問の内容によりましては、しばらくお時間をいただく場合がございます。また、
本書の範囲を超えるご質問に関しましてはお答えいたしかねますので、あらかじめご了承ください。

ISBN978-4-8443-6964-6　C3055